全国高等院校旅游专业规划教材

中国烹饪概论

李晓英 凌 强 编

旅游教育出版社

·北京·

责任编辑:董茂永 朱海犀

图书在版编目(CIP)数据

中国烹饪概论/李晓英,凌强编. –北京:旅游教育出版社,2007.5(2016.8)
全国高等院校旅游专业规划教材
ISBN 978 – 7 – 5637 – 1505 – 3

Ⅰ.中⋯ Ⅱ.①李⋯ ②凌⋯ Ⅲ.烹饪—方法—中国—高等学校—教材
Ⅳ.TS972.117

中国版本图书馆 CIP 数据核字(2007)第 068230 号

全国高等院校旅游专业规划教材

中国烹饪概论

李晓英 凌 强 编

出版单位	旅游教育出版社
地　　址	北京市朝阳区定福庄南里 1 号
邮　　编	100024
发行电话	(010)65778403 65728372 65767462(传真)
本社网址	www.tepcb.com
E – mail	tepfx@ 163.com
印刷单位	河北省三河市灵山红旗印刷厂
经销单位	新华书店
开　　本	787×960　1/16
印　　张	11.125
字　　数	228 千字
版　　次	2007 年 9 月第 1 版
印　　次	2016 年 8 月第 3 次印刷
定　　价	17.00 元

(图书如有装订差错请与发行部联系)

出版说明

为适应旅游业的发展要求,满足旅游高等教育的需要,我们根据高等院校旅游专业的课程设置、教学目标,在国家旅游局人事劳动教育司的主持下,集合国内旅游高等院校的众多专家学者,自20世纪90年代起,先后出版了系列旅游高等院校教材。该套教材出版以来,得到了广大院校师生和业界的普遍好评,至今仍是众多院校的首选教材,一版再版。迄今为止,该套教材不仅为众多院校广泛使用,而且是规模最大、品种最多的一套高等院校旅游专业教材。

但是我们深知,教材出版本身是一个不断完善的动态过程,需要产业的推动、研究的深化、时间的积淀,更需要广大师生的参与。本着这一目的,根据21世纪旅游业的发展要求与广大师生的殷切希望,我们根据教育部与国家旅游局对旅游学科的规划与行业要求,对本套教材进行了必要的增补与修订,以确保该系列教材的科学性、权威性。

与原教材相比,本版教材注意了课程设置与教材编写的科学性、针对性、规范性,使整套教材更适合学科教学和行业发展要求。在此基础上,本版教材强调了教材的研究含量,旨在倡导教材编写的严肃性、高等教育的研究性,避免教材编写中存在的简单雷同现象,体现了国家骨干教材应有的规范性与原创性。可以说,本版教材更加贴近了我国高等院校旅游专业教学实际,严格按照课程设置和教学目标设计安排教材内容,使高等教育教材的先进性与研究性得到充分保证。

在此次增补与修订中,我们始终强调教材编写应有的学术规范,无论从选题确定,乃至注释引文、参考文献,每一个细节都力求体现教材编写应有的学术规范。为了实现这样的目标,我们先后在全国广泛遴选作者,聘请在学科研究与教学领域有所建树的专家学者担任教材的编写工作。不少作者都有相关领域的专著成果作为教材写作的支撑,为本套教材的研究含量提供了必要保障。

作为国内唯一一家旅游教育专业出版社,我们始终得到广大旅游院校师生的关心与帮助,在新世纪,我们更期待着大家一如既往的呵护。我们希望将我们的教材建设成为一个开放式的园地,能始终站在学科研究与行业发展的前沿,随时反映旅游教育最新发展的动态。我们期待着教材使用者的意见和建议,更期待着潜在作者的新思路、新理念、新观点、新教学方式——我们定会"从善如流",不断调整完善现有教材,不断吸纳新的作者、新的观点。

旅游教育出版社

目 录

第一章

烹饪与烹饪学

中国烹饪源远流长，是中华民族文化宝库的重要组成部分。它与法国烹饪、土耳其烹饪并称为世界烹饪的三大风味体系。中国烹饪的影响遍及世界各地，渗透于人们的日常生活之中，具有深厚的文化内涵。中华人民共和国成立以后，尤其是20世纪80年代，烹饪事业有了较快的发展，烹饪研究工作相继展开，烹饪作为一门科学已初具规模。

第一节　烹饪的含义

烹饪发展到今天，其内涵已更加丰富，不仅包括日常生活中对食物的加热、加工等过程，还包含贯穿于烹饪活动中的人员、技术、消费等各方面。因而科学地界定烹饪对研究和发展烹饪具有重要意义。

一、烹饪的传统含义

烹饪一词始见于《周易·鼎》，原文是："以木巽火，烹饪是也。"烹，在《左传·昭公二十年》中有"和如羹也，水火醯醢盐梅以享鱼肉"的记载，将烹解释为煮的意思；饪，在《仪礼·士昏礼》有"皆饪"的记载，将饪解释为成熟的意思，二字合起来就是烹饪，可以理解为加热煮熟食物。和烹饪相近的词有：料理，出现在我国的唐代；烹调，出现在宋代。二词的含义与烹饪基本一样。后来，料理一词弃置不用，烹饪、烹调二词并存混用。烹调一词在实际应用中更多是指烹饪工艺。

二、烹饪的现代含义

烹饪一词的现代含义。《辞源》将烹饪释为"煮熟食物"；《辞海》释为"烹调食物"；《现代汉语词典》释为"做饭做菜"。陶文台在其编著的《中国烹饪概论》中还提到烹饪是指菜肴饭食调味、烹制与消费的全过程。这些解释从不同角度揭示了烹饪的含义。不过，我们必须认识到，烹饪一词的含义始终是在变化发展的。现代生产力的发展，科学文化水平的提高，使得烹饪食物的方法有了很大的改变，已不只是以火来烹调食物，还有许多物理的、化学的方法使食物原料成熟，既可以利用热油、沸水、水蒸气、辐射能、太阳能,也可以利用一些介质,如砂、石、泥、灰等使食物原料达到成熟的要求;调味时既可以利用盐、糖、醋、酒等,也可以采用味素、鸡精以及其他的食品添加剂来增加食物的味道;食品原料不仅可以使用初级的原料,也可以使用一些预制食品、冷冻食品以及半成品。从烹饪活动过程所涉及的文化层面来看,烹饪还包括其产品的内容及产品消费的活动。因而现代意义的烹饪应该从更为广泛的意义上来界定。

综上所述,我们对烹饪作如下理解:狭义的烹饪是人类为了满足生理和心理的需求而把可食原料用适当的方法加工成可以直接食用的成品的活动。而广义的烹饪,则被赋予广泛的内容,包含烹调生产及烹调所制作的各类食品、饮食消费、饮食养生,以及由烹调和饮食所产生的众多现象及其联系的总和。

第二节　中国烹饪的特性

一、烹饪的本质属性

烹饪,包含烹调生产至饮食消费的全过程。烹调生产决定饮食消费,饮食消费又反作用于烹调生产,从而促进烹调生产的发展。因此,烹饪具有生产与消费的双重性质,而生产则是烹饪的主体的本质属性。

人类为了生存,必须饮食,然后才能从事各项活动。中国自古便有"民以食为天"的说法。人类最初是通过采集、渔猎来满足饮食需求的,然后演进到农业生产(农、林、牧、副、渔)。农业的发展提供了主要的烹饪原料,如粮食、肉、禽、蛋、奶、水产、蔬菜、果品以及调味料等。这些原料经过加工,即烹饪制成可供食用的食品,如米面食品(即主食)、菜肴(即副食)和小吃、糕点、炒货、糖果、饮料,以及罐头等各类食品。

随着社会的发展与科学的进步,中国烹饪逐渐地由简单向复杂、由粗糙向精细发展,不断孕育出新的文化内涵,产生出艺术的内容与形式,使饮食生活升华为人类的一项文明的享受。因此,中国的烹调生产,兼具有物质生活资料生产、人的自身生产和精神生产三大功能。

二、中国烹饪的特征

(一)历史悠久

中国烹饪历史悠久,早在距今40万年前的华夏大地上,中华民族的先祖就已经懂得使用火加热食物。据在北京周口店地区"北京人"遗址的考古发现,该遗址中存有非常厚的灰烬层,挖掘出的大量烧骨、烧石和烧过的朴树籽等,证明那个时期古人类已经掌握利用火将生的食料加工成熟食的技术。而后,又经过漫长的历史发展,人类征服自然改造自然的能力不断提高,在距今 1 万年前左右,在华夏大地上出现了原始陶器,从此,真正意义上的"火食之道始备"。我国烹饪是从最初的火烹开始,历经陶烹、铜烹、铁烹诸发展阶段,在漫长的发展历程中,不断地实验、实践,又不断地筛选、优选,从而使烹饪技术由粗放到精致,由简单到复杂,逐渐形成具有中华民族特色的饮食保健体系、独树一帜的药食同源理论和精湛绝伦的烹饪加工工艺。

(二)原料品种众多

中国烹饪所使用的食物原料,大概可分为主配料、调味料、佐助料三大类,总数在 1 万种以上,常用的有 3000 种左右,可谓所用原料数量非常之多。从历史上看,我国古书当中很早就有"五谷为养、五果为助、五畜为益、五菜为充"的记载。中国烹饪在发展过程中还十分注重从世界各地引种栽培优质食物原料,例如,在漫长的历史长河中,我们的祖先陆续从国外引进大蒜、菠菜、芝麻、葡萄、玉米、甘薯、辣椒、花生、黄瓜、西葫芦、番茄等众多的蔬菜、水果和粮食作物等。从原料发展过程来看,我们的祖先也曾经淘汰掉一些不适合我们食用,或者很难在华夏大地上生长的原料品种。据文献记载,茱萸这种原料曾经被选作食物原料,后来逐渐被淘汰掉了;冬寒菜等则被缩小了使用地域面积。今天,野生动植物的驯化、培育与养殖为中国烹饪原料增添了新的内容。

(三)刀工技艺精湛

所谓刀工是指运用厨用刀具对烹饪原料进行切削或者雕刻等加工,使之形成所需形状的工艺。我国烹饪原料众多,各种原料的物理性质、化学性质不同,因此,除去那些需要整料烹制的菜肴外,均需要经过细致的刀工使之或形状整齐划一、造型美观,或利于烹饪制作。据统计,刀工技法大致有数十种,刀工成为中国厨师必须具备的技能之一。针对原料的不同性质,不同烹饪要求,烹调师可以通过各种刀工切制成段、块、角、条、球、片、丝、丁、米、末等形状;对某些菜肴还可采用特殊刀工技术处理,切成各种造型美观的样式;对某些脆嫩原料还可运用剞花刀法,如麦穗花刀、荔枝花刀、菊花花刀等。特别是剞花刀,是中国烹饪著称于世界的特色之一,使中国菜肴进入艺术境界。

(四)烹饪技法多样

不同的食物原料其物理性质和化学性质不同,按照其本身固有的原料性质经过刀工切配之后,还需要采取相应的烹饪方法来进行加工。我国烹饪技法种类非常多,总共有几百种,是世界上任何国家都无法比拟的。例如,采用水烹制方法有烫、焯、煮、炖、烧、焖、涮、汆、煨等;采用火烹制方法有烤、炙、炮、熏、烘等;采用油烹制方法有炸、煎、贴、煸、熘、烹、爆、炒等;采用蒸汽烹制方法有蒸、焗等。除此以外,还有其他众多的烹制方法,如拌、醉、糟、蜜汁、腌制、糖渍等;采用固体传热烹制方法,如采用食盐或者砂粒等介质对食物原料进行加工处理,具体如原料涨发中的盐发、砂发等,直接食用的,如泥烤、砂炒等类菜肴。

(五)讲究味道

中国人很早就对饮食之味异常地关注。早在商代就有伊尹说成汤以至味的故事,总结出五味调和之妙,指出"先后多少,其齐甚微,皆有自起。鼎中之变,精妙微纤,口弗能言,志弗能喻",并且通过控制火候达到"久而不弊,熟而不烂,甘而不哝,酸而不酷,咸而不减,辛而不烈,淡而不薄,肥而不胀"的烹饪效果。综观中国人的饮食观念,完全以"味"为核心,特别讲究"五味"调和,认为只有通过五味调和才能达到饮食之美的最高境界。烹饪就是达到使食物原料"有味使之出,无味使之入"的境界。

中国烹饪特别讲究味的塑造与表现,要求一菜一格,百菜百味。中国食物原料中能够作为调味料使用的品种很多,总数在 500 种左右,约占常用原料总数的1/6。调味方式大致可分为前调味、中调味、后调味。此外,根据菜肴特点,有的还需预调味(如烹制前的腌、渍、码味)或同步调味(随上味碟蘸味,如椒盐等)。味型数量更是数不胜数,例如,除传统的五味之外还有甜酸味、酸辣味、麻辣味、鲜香味、荔枝味等,据统计,中国菜肴的味道不下几百种。

(六)注重火候

要使烹饪原料的味道呈现最佳状态,必须讲究火候。火候是指烹制菜肴和面点时控制用火时间长短和火力大小的技能。火候是使菜肴味道臻于完美的最佳途径。《吕氏春秋·本味篇》中"五味三材,九沸九变,火为之纪,时急时徐,灭腥、去臊、除膻,必以其胜,无失其理",说的就是烹饪食物时,必须依据原材料的物理化学生化特性不同,火候大小强弱也要与之相适应,才能达到去除异味的效果。唐代的段成式甚至认为"物无不堪吃,唯在火候,善均五味"。要想达到"有味使之出,无味使之入"的境界,除调味料的使用之外,控制火候是非常重要的手段。即使在今日,烹饪火候功夫掌握仍是评判一位厨师水平高低的最基本依据之一。

在烹饪行业中习惯上通常将火力按照大小分为旺火、中火、小火和微火。用火烹制食物时,根据食物原料及烹制菜肴的不同需要而分别施用不同火力。尤其是"炒"这一独特烹饪技法发明以后,对火候的要求更为精确,因为炒菜一定要用旺火,时间要短,否则将影响菜肴脆嫩的口感;而对于原料质地比较老的,要用小火,加热时间要长,才能使之烂熟且有好味道。有时还要反复运用不同火力,例如,在采用"烧"这种烹饪技法时,需要先旺火后,改中火,然后再回到旺火。

(七)风味流派众多

在中国众多的地方风味流派当中,比较有代表性的地域风味主要有四川风味、山东风味、淮扬风味和广东风味。另外还有所谓的八大菜系、十大菜系、十二大菜系等分类,但不论哪种说法和分类,都足以说明我国地域风味流派众多。例如,以辣为特色而论,西南诸省都具备重辣之特点,但是仍可以细分出四川的麻辣、湖南的酸辣、贵州的香辣、云南的鲜辣等。如果按照消费对象来分,还可以将我国的风味流派区分为宫廷风味、官府风味、寺院风味、市肆风味和民间风味等。此外,我国是多民族国家,不同民族的烹饪特点、饮食习俗大都具有本民族独到之处,所以,还可以按照民族的不同划分出不同的民族风味。

(八)注重饮食养生

中国最古老的医书《黄帝内经》中有这样的记载:"五谷为养,五果为助,五畜为益,五菜为充。"这种"养助益充"的观点2000多年来一直是中国烹饪所遵循的理论基础之一。中国人的膳食结构属于典型的东方膳食结构,以植物性原料谷类食物为主,以蔬菜和肉制品等副食为辅,具体来说,是主副食分开的膳食结构,实践证明这种膳食结构有其自身的科学性。西方发达国家由于其膳食结构中含有高脂肪、高蛋白的特点,患有高血压、高血脂、糖尿病、心血管疾病的人的比例明显高于东方膳食结构特点的国家。一些饱受"富贵病"困扰的西方发达国家,开始对中国的膳食结构产生浓厚的兴趣,并展开了研究。有些西方营养学家指出,中国的膳食结构以粮食为主体,是最适合人体健康的膳食结构。美国居民膳食指南明确要求美国居民要多吃水果蔬菜和豆类食物,减少脂肪的摄入量。

在合理的膳食结构基础上,中国烹饪进一步追求饮食养生。换言之,即通过丰富的饮食原料、花样繁多的烹饪技术方法以及口味多变的味型,让人们从饮食中得到色、香、味等丰富多彩的感官享受,最终收到养生保健的效果。中国烹饪的科学性,在于它很早便与中国医学紧密结合在一起,如食疗与药膳,包括原料的选用、加工的得当、烹调的适宜、膳食结构的合理等诸方面,无不受到饮食养生思想的指导,以达到养生保健的目的。例如,先秦时期的《黄帝内经》就已经指出:"味归形,形归气,气归精,精归化","五味入口,藏于肠胃,味有所藏,以养五气,气和而生,津液相成,神乃自主",而且认识到了"五味所伤"、"五味所合"、"五味所宜"、"五味所禁"等等。另外一个证明就是从《神农本草经》开始,历代本草均将烹饪原料收入,注明性味、功用,指出其对健康的利弊,充分说明了食与养的关系十分密切。

(九)盛器精美

中国烹饪不仅注重菜肴的精美,同时对盛装这些美味佳肴的盛器也颇为讲究。从烹饪发展历史来看,烹饪器具、烹饪盛器很早就已经出现,如新石器时期的陶器制品,青铜器时期的青铜制品等等,几乎都与烹饪有关,有的甚至成为祭祀用品。王侯将相、达官贵人使用的餐具更是精美绝伦,如玉碗、玉杯和玉筷等,更有黄金打造的整套的餐具。平常人家使用的瓷制餐具,温润光滑。不同的食品采用不同的盛器具,盛装鱼的有鱼盘,还有汤盘,为了配合菜肴,还在盘子的边缘绘有各种精美的图案。这些图案配合盛装的菜肴内容,相映成趣。

第三节　中国烹饪学

中国烹饪学是一门综合性学科,是以研究中国烹饪活动现象及其本质为主要内容,以揭示烹饪活动发展规律的知识体系。它涉及自然科学、社会科学的许多领域。从本质上来说,烹饪学属于自然和技术科学。同时,因为烹饪劳动的文化属性和艺术属性,烹饪学的整体组成部分应包括烹饪文化(或饮食文化)、烹饪艺术和烹饪科学三部分。烹饪文化指烹饪劳动与人类社会的关系。烹饪艺术是人的感官与烹饪产品相互作用而产生的美感,研究的是烹饪的艺术特征、构思表现以及欣赏等。从自然属性和技术属性来说,烹饪科学是研究食物原料的性质、功能、加工、切配、成熟、调味,使之成为既营养卫生,又有良好的感官性状成品的应用科学。换言之,是研究烹饪成品在制作过程中所依据的一切原理和所遵循的各种技术规范。

一、中国烹饪学研究的对象、内容及方法

中国烹饪学的研究对象可以分为两个方面。第一,烹饪生产活动。其内容包括原料的选择、加工及切配、调味、成熟方式、火候控制、造型与盛装等生产技术。第二,烹饪产品与消费活动。主要内容是指在烹饪产品形成、发展与消费过程中涉及的历史、民族、宗教、民俗、文学、艺术、语言、地理等多种影响因素。另外,在烹饪长期发展的过程中,产生了一些烹饪思想以及烹饪文化,这也构成中国烹饪学的内容。

从学科领域上来看,烹饪学研究方法主要涉及物理学、化学、生物学、营养学、食品卫生学、农学、文学、历史学、心理学、美学、人类学等学科的研究方法。此外,作为一门知识体系丰富的学科,中国烹饪学的研究也必然要用到系统的研究方法及综合的研究方法,才能得到科学的研究成果。

二、中国烹饪学的知识体系

烹饪学科体系是指有关烹饪的知识体系,它是由与烹饪相关的多种学科组成的,包括宏观和微观两个方面。属于宏观方面的主要有烹饪学(烹饪文化或饮食文化、烹饪科学、烹饪艺术)、烹饪史(或饮食史)、饮食美学、饮食心理学、饮食企业经营管理学等;属于微观方面的主要有烹饪化学、饮食营养学、饮食卫生学、烹饪原料学、药膳学等,而烹饪工艺学(烹调工艺学、面点工艺学、饮食机械与设备)则是烹饪科学的核心,是烹饪的主干学科。烹饪学中以烹饪工艺学为主干学科,是因为烹饪的根本目的就是使烹饪原料充分地利用,将原料加工成营养丰富、感官状态俱佳的菜点,这需要通过烹饪工艺来实现。烹饪工艺学包括硬件,即工具(饮食机械与设备)和软件即技艺(菜肴的制作为烹调工艺学、面点的制作为面点工艺学)。另外,

其他学科都围绕烹饪工艺学这一核心,有的是它的基础,如饮食营养学、饮食卫生学、烹饪原料学、饮食美学与美术等;有的是烹饪学科的基础,如烹饪史学、烹饪文化学、饮食心理学等。

思考与练习

1. 如何理解中国烹饪的现代含义?
2. 如何正确认识中国烹饪的基本特性?
3. 中国烹饪学的学科体系构成包含哪些方面的内容?

第二章

中国烹饪的发展历史

中国烹饪以其悠久的历史而闻名于世。在漫长的人类进化发展历程中，中国烹饪不断兼收并蓄，以吸纳百川之势，在世界烹饪中独树一帜。从中国烹饪发展的客观历史进程来看，它经历了由萌芽到成熟、由粗糙到精美的逐渐发展过程。如果从饮食炊具演进分界的话，中国烹饪发展历史可分为无炊具、石器、陶器、铜器、铁器和电气时期，本章将按照上述分期，从构成中国烹饪体系的主要方面，包括烹饪原料、烹饪产品、烹饪器具、烹饪工艺、烹饪文化等，来研究各个时期中国烹饪所取得的创新和进步。

第一节 无炊具烹与石烹时期

一、无炊具烹时期

关于人类用火熟食的起始，目前人们所认同的时间是在距今大约五十万年前。中国考古学家经考证认为，当时的"北京人"已经能够保存火、管理火以及用火熟食。

以火熟食的产生首先是一种偶然，天然火灾特别是森林火灾，烧死一些动物，人类可以不费力地获得已经烧熟的肉，且吃起来香而鲜美，也易于咀嚼；这种情况不断反复出现，人类终于形成了对熟食的认识，进而产生熟食的愿望。于是，设法保存火种，将猎获的兽类烧熟了再吃，即经过人工的熟食，便是最原始的烹饪。这种烹饪尽管十分简单粗糙，但是，却是人类通过改造客观世界以改善自身生活的一大成果。人工取火与无炊具烹阶段相伴产生。其意义，按恩格斯的说法是"更加缩短了消化过程，因为它为口提供了可说是已经半消化了的食物"。

中国烹饪诞生之后，在很长一段时期内，是处于无炊具状态中，即将原料用火直接加热制熟，不借助任何物体传热。这段时期比较长，由烹饪诞生算起，大约经过四十多万年的历程。

(一)烹饪原料

这个时期的烹饪原料主要由动物原料构成，辅之以鸟卵、鸟雏和果品、种子。

其中动物靠狩猎获取。据考证,周口店地区当时的动物群由近 100 种哺乳动物组成,包括大型猛兽,如剑齿虎、披毛犀、洞熊等,也有许多小型啮齿类动物。其他地方有野驴、野马、原始牛以及一些鹿类等,未发现鱼类等水生动物遗存。植物类除了一些坚果外(如朴树籽之类),连同鸟卵,都仍是生食的。

动物具有觅食某些盐类的本能。自然状态的岩盐、土盐等,是原始人生存的必需品,只是还没有将它用作烹制中的调味品。

(二)烹饪工艺

这个时期,由于没有炊具的使用,因而主要的烹调工艺有以下几种。

(1)烧。将原料置于火中或架于火上烧制。多用于连毛皮的整体动物,也可以是剥了皮的整体动物。这个阶段的后期,大型动物可能已被分解成大件后再烧制。这是最初的最原始的烹饪技法,但是延续到现代仍然在用。

(2)煻煨。将原料埋置于火灰中使之成熟的技法。多用于个体稍小的猎获物。这种方法也绵延到现代,如民间利用灶膛柴火余烬煨制甘薯、玉米、土豆之类。

(3)烤。此法是在架烧即古称"举燋"的技法上发展而来的。此法可以使原料不被烧焦,也比较干净,但应使原料不停转动,以利于均匀成熟。此外,也可以在地上挖坑,坑底燃火,将原料悬置于火上烤制,此烤法后来又发展成叉烤、箅烤、串烤和炉烤(如挂炉烤鸭)等,原料亦可以切割成小型片、块后再烤。

在烤法的基础上又衍生出烘、炕、熏等技法。

这些烹饪方法都属于最原始的干加热成熟法,它们共同构成了无炊具烹时期的烹制法系列。这些工艺在古文献中被称为燔、炙等,可以单独应用,也可交叉组合应用。

(三)烹饪工具

"北京人"的工具简单粗糙。考古文献记载,当时,他们用砾石当锤子,用直接打击法、碰砧法和砸击法打制石片。制成的石器中,有砍斫器、刮削器、雕刻器、石锤和石砧等。这些工具,不足以用于切割,因此,猎取的大小兽类也不可能剥皮就囫囵烧制。在"北京人"遗址中还发现一些骨器,其中,有的肢骨顺长劈开,将一头打击成尖形或刀形(有的有多次打击的痕迹)。

二、石烹时期

经过无炊具烹时期,人类由猿人进入古人(即早期智人,距今 24 万至 4 万年前)时期,之后进入新人(即晚期智人,距今 4 万至 1 万年前)时期。烹饪也由无炊具烹时期发展到石烹时期。对这一时期的考古研究成果表明,在 20 万年左右的时间里,烹饪也取得了相应的进步。虽然此时尚不能造炊具,但是,长期的无炊具烹实践积累了大量的经验,尤其是人工取火技术的熟练,表明此时已具备了改进与发展烹制技术的客观条件。

（一）烹饪原料

这一阶段猎捕对象主要有虎、洞熊、狸、牛、羊、兔、鹿和鸟类等；在一些遗址中还发现鱼类骨骼和贝壳等，并发现有渔叉，在山顶洞人遗址还发现用鲩鱼眼骨与海蚶壳制的饰品，说明此时捕捞水生动物，已成为原料采集的内容之一；另外，植物果实、种子的采集继续发展，达到了利用草本植物（如禾本科）中较小的种子的时期。

这一时期天然盐类已经开始使用。在距今 2 万年时，我们的祖先已经可以区别咸、甜、酸、苦、辣这些基本味，甚至认识到恶味可以通过调味来矫除。

（二）烹饪工艺

在长达数十万年的无炊具烹之中，原料是直接在火中烧制、火灰中煨制的，因而会产生污染和焦煳，成熟度也不均匀。为使食物成熟均匀，防止焦煳，改善风味和避免污染等，出现了利用热传导原理，间接利用火的热能进行烹制的方法，其中主要是石烹，其他还有包烹及其派生的竹烹和由石烹派生的皮烹等。

石烹就是利用石块（卵石）、石板作炊具，使原料成熟的烹制方法。这种方法的产生，可能是烧制食物的火堆旁堆有石块，石块被烧得炽热，小块原料偶然落到上面很快成熟，使先民们认识到石块可以传导热能的道理。石烹可划分为石块烹、石板烹和石锅烹三大类：

1. 石块烹

运用烧热的石块或卵石烹制原料的方法。主要有四种：

（1）外加热法。将石块堆起来烧至炽热后扒开，将原料埋入，利用向内的热辐射使原料成熟。这种方法一直流传至今，如盐焗鸡、砂焐鸡等。

（2）内加热法。用于带腔膛的原料，如宰后去内脏的羊、猪等。将石子烧至炽热，填入动物腔膛中，包严，利用向外的热辐射使之成熟。如今蒙古国民间仍用此法制熟羊。也有用于制作植物性原料的。

（3）散加热法。这是利用烧得炽热的砂石或沙子拌和小块形的原料，通过焐的方式使原料成熟的方法。还有一种方法是在平铺的烧热砂石上使原料烙热或焙熟。

（4）烧石煮法。取天然石坑或地面挖坑，也可用树筒之类的容器，内装水并下原料，然后投下烧得炽热的石块，直至原料成熟为止。

2. 石板烹

用火将天然石板加热，使置于板面的原料成熟的技法。分为两种：一种是先将石板烧热，再放上原料；另一种是原料置于石板上，然后加热。

3. 石锅烹

间接利用火的热能进行烹制的方法。人们凭借制作石器日渐精致的雕刻工艺，以较软而易于雕制的水成岩之类石料制成的石锅终于出现。

4. 皮烹

与石锅烹同时出现。将整张动物皮,以带毛的表面向下,四肢吊起或支起,形成锅状,内装水与原料,毛面涂稀泥,生火烧煮,至水沸使原料成熟。

5. 包烹

为了防止原料被火烧焦和灰沙污染,于是将原料包起来烧,或包起来塘煨等,是为包烹。最初的包烹,仅利用大型的植物叶子,如芭蕉、荷叶、芋叶等。后来在此基础上,进一步发展到用叶子包好后糊上稀泥再烧的办法。这种技法,可以完全防止污染,而且成熟透彻,风味更好。这种叶包、泥糊的技法延续到新人后期,在距今2万年左右时,已经运用得十分熟练,并被保留下来使用至今。

6. 竹烹

在包烹的启示下,出现了竹烹。原料装进竹筒内,省却了包裹的麻烦,然后置于火中烧或火灰中塘煨,可以获得与包烹法同样的效果。这种方法当时很可能在多竹的温热地带使用。竹烹,利用天然物体作炊具,并且可加水烹制,是烹饪方法的又一发展。

(三)烹饪工具

这一阶段先民们所使用的工具,除发现有箭头、渔叉等用于渔猎的工具外,还出土了很多更精致的石器,如刮削器、尖状器、砍砍器、雕刻器、锥、锯、斧等,这些工具出现小型化和复合化的趋向;同时发现有骨锥、骨刀、角铲等。根据有些刮削器带有双刃和石斧、骨刀以及骨针的应用,说明这一阶段对兽类已作剥皮处理,并由将猎物按肢体分解成几大件进展到切割成大块或小块,内脏与肉已分开,甚至骨与肉也已切割分开。

第二节　陶烹时期(从传说中的黄帝到尧、舜时代)

陶烹时期是从大约距今1万年前,中国进入到新石器时代开始,直至夏朝为止的六七千年的历史过程。这一时期的历史背景是:生产力的进步使食物来源扩大,先民们已经学会通过栽培作物和饲养牲畜来生产食物,中国进入到农业社会。人类逐渐转向定居生活。社会组织结构也向着后期氏族组织推进,朝着部落和部落联合的结构发展,同时人类社会也逐渐由以母系为本位向以父系为本位转变。

陶器的发明,是中国烹饪发展进程中的又一标志性的成就。陶制炊餐具的出现,使人类正式进入烹饪时代。与此同时,农业的出现亦是我们祖先告别单纯依靠自然赐给食物的历史,开始了用自己生产的食物来逐步满足生活需要的时期。盐、酒的出现,开创了烹饪的调味时代,使中国烹饪风味向多样化发展。纵观人类历史长河,陶烹时期人们的饮食生活,较之石烹时期有了很大进步。

一、烹饪原料

(一)植物原料

考古发掘表明,仰韶、河姆渡和龙山人栽培作物所产的谷物和蔬菜,已能满足人们一部分食物的需要。从各地出土遗物来看,粟、稻、稷、黍、麻、芥菜或白菜等,是这一时期的烹饪原料。粟是我国最早驯化的栽培物和为人们提供的食物之一。从河姆渡遗址出土的稻谷遗存来看,中国是栽培稻谷历史最悠久的国家之一。我国古代的重要谷物品种如稷、黍、麻,此时已相继开始出现。

人类祖先在播种谷物的同时,也开始了蔬菜的栽培。在西安半坡遗址的一个陶罐里,发现有芥菜或白菜一类的种子,这无疑是收藏起来留着来年栽培而用的。说明我国在 6000 年前已有了蔬菜的栽培。

(二)动物原料

在七八千年前的仰韶时期,由于使用了较先进的猎兽工具,狩猎的效率提高了。随着食用剩余的出现以及当时动物贮存经验的积累,先人将一些活的动物进行豢养,这些动物逐渐被驯化成家畜。随着家畜的不断繁殖,畜牧业兴旺发展起来。据考证,新石器时期我国驯养的家畜和家禽主要有猪、狗、牛、羊、马、鸡等。

河姆渡遗址出土的大量实物是动物的骨骼,经鉴定这些骨骼除来自红面猴、獐、虎、貉、猪獾、水獭、灵猫、花面狸、豪猪、穿山甲、鸬鹚、鹤、野鸭、雁、鸦、扬子鳄、乌龟、中华鳖、无齿蚌等外,来自鱼类的有鲤、鲫、青、鲇、鳢、黄颡、裸顶鲷、鲻等淡水鱼,这些繁多的动物遗骨能集中在遗址里,说明渔猎较前有较大发展,且是当时经济生活的重要组成部分。

(三)其他类原料

1. 调味料

据《淮南子·修身训》记载,在伏羲氏与神农氏中间,诸侯中有"宿沙氏始煮海为盐"。这一传说,反映了新石器时期我们的先人已开始食盐的历史事实。盐的发明,对于人类文明史是一重大的贡献。有了盐才有了所谓调味,古人说的"五味调和百味香","盐者百味之将",是很有道理的。用盐作为羹的调料,就出现了"铏羹"。"铏羹"可以说是我国最早用盐烹调出的菜肴,也就是说,从此中国烹饪进入到有烹有调的新时代,烹调即于此而始。

2. 酒

我们的祖先在远古时期已知道酿酒。含糖野果的天然发酵,大约在旧石器时期。谷物酿酒则起源于新石器时期。仰韶时期,居住在黄河流域的人们已开始从事农耕栽培谷物,有了谷物,酿酒的物质基础已经具备。在仰韶文化遗址发掘中发现了贮存粮食的窖穴遗迹,可知当时谷物已有剩余和贮存,因而也就具有了发霉发酵而成酒的可能。此外,这一时期精美的彩陶种类很多,用作饮食盛物器具的陶器,为酿酒盛酒创造了条件。在龙山人时期遗存物中出现了陶制的酒器——尊、高脚杯、小壶等。酒器的出现是判断酒的存在与否的确切证据,也为酿酒起源于龙山人晚期作了佐证。

二、烹饪工艺

自从人们开始以火熟食以来,历经几十万年,到了新石器时代末期,即龙山文化的末期,除了石烹时期的燔、炙、炮等烹饪法继续运用以外,由于陶器的问世,出现了许多陶制炊餐用具,增添了水煮和气蒸两个新的烹饪方法。熬、炖、汆、烩等烹调法也是在水煮、气蒸法问世后逐渐产生的。

(一)水煮法

水煮食物是以水为传热介质的烹饪方法,其前提条件是必须有盛水而用火烧的炊具,也就是说水煮法只能是陶制炊具产生后才得以出现。《淮南子》描述水煮法是"水火相憎,镬在其间,五味以和"。水与火本来是互不相容的两个对立物,自釜、鼎发明后,水在上,火在下,水不断吸收火的热能,达到了沸点或一定的热度,使釜鼎中之水保持稳定的吸热状态,加强了水分子的渗透力,将食物煮熟,从而使水与火这两个对立的矛盾得以调和。在中国,只有"水火相济"的水煮法诞生后,古人才认可"火食之道始备"。

水煮法最初主要用于烹饪谷物,而当时煮熟的谷物就是糜和粥。于是糜和粥就成了先人充饥果腹最好的和方便的食品,因此很快地变成了人们的常食。古文献记述:"黄帝初教作糜,烹谷为粥。"这"烹谷为粥",应该说是反映了陶釜、陶鼎产生后一段历史时期的烹饪实际的。

(二)汽蒸法

汽蒸法即以气作为传热介质的烹饪方法,其前提条件是必须有带孔和加盖的炊具,也就是汽蒸法只能是在中国独特的炊具——甑和甗产生后才得以问世。《周书》有"黄帝始蒸谷为饭"的记载,《诗经·生民》形容蒸饭说:"释之叟叟,蒸之浮浮。"用蒸汽将谷物蒸熟,这才达到了水与火的绝对交融。我们的祖先在六七千年前已经会使用蒸汽。随着蒸的方法问世,饭(干饭)也就在此时出现了。

陶器大约产生于新石器时代初期。它是先民们经过长期用火,对于在火力影响下多种物质性质的变化有了一定程度的认识的成果,是我国科学技术史和烹饪文化史上的重大创造。它引起了人们饮食生活的极大进步,通过它和水、火,改变了食物的物理与化学性质,为人们提供了可口的食品。

三、烹饪工具

陶器是在原始农业出现后发明的。仰韶文化时期,我国在制陶技术上,已有了重大的发展,取得了较高的成就,并且可以制作出精美的彩陶。随着时代的进步,制陶工艺在不断地发展和提高。据考证,到了龙山人时期,陶器日渐与农业分离,成为独立的手工业部门。

在河姆渡出土的陶器中最主要的器型即是中国最早的锅——陶釜,最令人注目的是这些釜多数从底部到颈部都有一层厚厚的烟垢,有的釜内还有谷物的焦渣,这些充分证明,釜是用以炊煮食物的炊具。

在仰韶遗址中,可以看出人们最初是掘地为灶的,炊煮食物的釜置于其上。为了易地而炊,仰韶人和河姆渡人又分别制作了陶灶(炉),如河南陕县庙底沟出土的陶灶,颇像是敞口陶罐改制的。河姆渡人的陶灶,除后部内壁有三个较大突乳外,在底部则有圈足着地,使之重心比较平稳,其整体结构显得更加合理。

鼎是把"支座"与釜底连接在一起烧制而成的。它有鼓腹、三足、两耳。鬲和鬶是继鼎后出现的、其形制经过进一步改进的煮食炊具。它们在圆形或椭圆形的肚子下面连着三只中空的足,这不仅使内部容量增加了,更重要的是炊煮时与火的接触面积得以扩大,增加了热力的利用,从而能够更快地把水烧沸和把食物煮熟。从古代文献记述来看,鼎主要是用来煮肉的,鬲和鬶则主要是用以炊煮谷物的"饭锅"。这些都反映了原始社会时期我们祖先的聪明才智。

陶甑是中国最早的"蒸屉"和"蒸锅"。它的发明是中国烹饪史上又一重大突破。陶甑最早见于西安半坡遗址,稍后在其他新石器时期文化遗址中也有出土。新石器时代晚期的遗址中,还出土了较陶甑更进步的陶甗,它是甑与鬲的结合体,上部是一个陶甑,下部是一个三足的陶鬲(有的上下相通,中间加活算),鬲足中空,可以装水,用时甑内放入食物,加盖盖严,在陶鬲三足下生火,水沸,蒸汽通过算孔将食物蒸熟。

龙山人时期,农业生产工具已占生产工具的多数。人们已较普遍地使用了磨光穿孔的石刀、蚌刀以及安柄的石镰和蚌镰,因而使农作物的播种、田间管理和收获等过程得到了改进,农业生产水平和劳动效率都有了较大的提高。与此同时,人们逐渐掌握了"拘兽以为畜"的驯养方法,原始畜牧业亦开展起来。由于社会生产力的发展,人类对于各种动物、植物、矿物的食用功能逐步加深认识,并开始有了原始医药。

四、宴席和厨师

到了新石器后期,出现了原始的宴席和为氏族首领服务的职业厨师。相传,这个时期的彭铿是中国烹调技艺之圣。晋代葛洪的《神仙传》说:"彭祖善养性,能调鼎,进雉羹于尧,尧封之于彭城,年七百六十而不衰。"《楚辞·天问》中也说:"彭铿斟雉帝何飨,受寿永多夫何久长。"不过,由于受到当时物质条件的限制,其宴席比较简陋,菜肴种类比较少。

第三节　铜烹时期(夏、商、周、战国时代)

从夏朝起,中国进入奴隶社会。这一时期农业生产已占重要地位。《论语·宪问》中有"禹稷躬稼而有天下"。《论语·泰伯》说禹"尽力乎沟洫"。说明那时已重视农业和水利。同时有传说夏代已开始造铜鼎:"昔夏之方有德也,远方图物,贡金九牧,铸鼎象物,百物而为之备。"(《左传·宣公三年》)可见,从夏代开始,中国已从石器时代进入铜器时代。

一、烹饪原料

这一时期的烹饪原料种类已经比较丰富,包括植物性原料、动物性原料、调味料、酒、油脂等出现了许多新的品种。

(一)植物性原料

1. 谷物

夏代植物主要有麦、黍、粟、菽、糜。商代,甲骨文中已有禾、栗、稷、黍、菽、糜、麦等字。《诗经》中更可见许多歌咏谷物生长的内容,如"黍稷稻粱,农夫之庆"(《小雅·甫田》)。又据文献记载,当时已有"五谷"、"六谷"、"九谷"、"百谷"等词语。这也反映了谷物生产的兴盛。值得重视的还有,当时麦已有大麦、小麦之分;稻已有粳稻、籼稻、糯稻之别。此外,可以充当粮食的"蹲鸱"(芋芳)、"藷"(山药),当时已为人们所重视。楚国职官中,还设有专管种植芋芳的"芋尹"。

2. 蔬果

这一时期,蔬菜水果的生产也有较大发展。甲骨文中出现"圃"、"囿"等字,证明殷商时菜园、果园已很普遍。西周之后,出现职业菜农"老圃"。周王室中,亦有专管蔬菜、水果生产的职官"场人"(《周礼·地官司徒》)。关于蔬菜、水果品种,据《大戴礼记·夏小正》、《诗经》、《周礼》、《礼记》、《尔雅》等书记载,当时已经有葵、韭、芹、葑(芜菁)、菲(萝卜)、薇、卯(莼)、荷(含藕)、蒲、笋、茅、荼、蘩、苹、荇菜、藻、藿、蕨、瓜、苦瓜、瓠、菇(茭白)、蒿类等蔬菜。姜等调味品也出现了。

(二)动物性原料

1. 禽畜类

这一时期烹饪原料中的禽畜品也明显增多。马、牛、羊、鸡、犬、豕(猪)已在黄河流域和长江流域大规模普遍饲养。人们除饲养禽畜外,还狩猎禽兽,以扩大烹饪原料的来源。如《周礼·天官》记载:"庖人掌共六畜、六兽、六禽。"其中"六兽"指麋、鹿、熊、麝、野豕、兔;"六禽"指雁、鹑、鹦、雉、鸠、鸽,均要靠狩猎获取。当时人们已经用珍禽异兽制作肴馔,其中包括天鹅、大雁、野鸭、鸽、鸪、鹑、雀、豺等。可见,这一时期,人们已开始注意选择、培养优良的牲畜品种,以提高肉食质量。

2. 水产

殷周以后,人们食用的鱼类等水产品越来越多。如殷墟出土的鱼骨,经专家鉴定,有鲻鱼、黄颡鱼、鳇鱼、青鱼、草鱼、赤眼鳟6种。《诗经》中描写到的鱼类更多,有鲤鱼、鲟鱼、鳊鱼、鳜鱼、鳟鱼、黑鱼、鲇鱼、鳗鲡等多种。在其他书中,亦有食用鳖、龟、蚌、螺、蜃、大蛤等水产品的记载。人们食用鱼类的增多,还可以从从事捕鱼人员的数量上反映出来,如周王室中的"渔人"(鱼官)手下就有三百多人。

(三)其他类原料

1. 调味料

(1)咸味料。主要有盐、醢、酱。盐的种类也多,有海盐、岩盐、池盐、井盐;"醢"是一种用肉类腌制的酱,可以做食品,亦可当调味品用,周代开始风行的"酱"也是食品兼调味品。这时的酱不是用豆类制作的,而是对"醢"及"醯"的又一叫法(郑玄《周礼》注:"酱,谓醢、醯也。")。"酱"的调味作用当时极受重视,以至于孔子有"不得其酱不食"的慨叹。

(2)甜味料。主要有蜂蜜、饴、蔗浆。蜂蜜古代又称"石蜜"、"土蜜"、"木蜜"、"岩蜜"等,是根据野生蜂的蜂房建立在石岩、土穴、林木的不同而分别命名的。我国人民用蜂蜜调味的历史,至迟可以追溯到周代。《周礼》中有"枣栗饴蜜以甘之"的记述,《楚辞·招魂》中亦有"蜜饵"——蜜制糕饼,说明先秦时蜂蜜已在菜肴及面点制作中应用。

"饴"即麦芽糖,又称"饧"等。《诗经·大雅·绵》中有"周原朊朊,堇荼如饴"之句,证明西周时已有"饴"。而后,便在烹饪中应用。

蔗浆,即甘蔗压出的汁,《楚辞·招魂》中"腼鳖炮羔有柘浆些",说的就是在做菜中用"柘(通蔗)浆"调味。

(3)酸味料。主要有梅子、醯。梅子用其汁调味(梅肉可做酱)。"醯"即"酢",类醋但不是醋。有人认为它是由酿酒演变而成的酸味调料,也有人认为是醢汁、肉汁变化而成的酸味调料。

(4)苦味料。《礼记》中说夏季调味要"多苦"。但苦味是什么,据《楚辞·招魂》:"大苦咸酸,辛甘行些。"王逸注:"大苦,豉也。"可见先秦时的苦味调料主要是豆豉。

(5)辛辣芳香味料。主要有花椒、生姜、桂皮、葱、芥、薤、蓼、芎、蕴、襄荷等。其中的名品为"阳朴之姜,招摇之桂"(《吕氏春秋·本味》)。

此外,《本味》中还提到姜味的调味品有"宰揭之露"、"越骆之菌"。前者为芬芳的液体,后者为近似肉桂或竹笋的原料。如系竹笋,当取其鲜。

2. 酒和油

多种谷物酿造的酒已出现,除供饮用外,也作调料。食用油以动物脂肪为主。牛油、犬油、猪油、羊油均已应用。

二、烹饪工艺

这一时期的烹饪工艺,如选料、刀工、配菜、烹饪方法、火候、调味、勾芡、食品雕刻等,都有不同程度的发展。

(一)选料

这一时期,烹饪选料渐趋严格,表现在按时令选料和按卫生选料。按照时令选料主要体现在掌管捕鱼和捕捉甲壳类动物的官吏,要按时节供应自己掌管的应令食物。选料方向也逐渐总结出一些标准,例如,要求牛要选肥壮、蹄落地蹄印深的;猪要选颈毛坚硬的;乳猪要选胖乎乎的;羊要选毛柔软而细密的;鸡要选鸣叫声长而且响亮的;狗要选喂得好,长得肥的;野鸡要选肥得脚趾分开的;兔子要选眼大目明的,等等。

(二)刀工

随着饮食水平的提高以及薄刃铜刀具的出现(殷墟有出土文物),这一时期烹饪中的刀工技术也有如下发展。

1. 分档取料

约从周代起,已能根据食礼或烹饪的需要,对牲体进行"七体"(指脊、两肩、两拍、两髀)、"九体"(肩、臂、臑、肫、胳、正脊、横脊、长肋、短肋)以及"二十一体"的分割。这在《庖丁解牛》中可以得到印证。当时"良庖"的刀工确已达到出神入化的境地,可以随意将牛分解。

2. 按需分割

分档取料后,再根据烹饪的要求,将原料或切块、切片,或切丝、切丁,或剁成肉酱。如《礼记》中提到的"大胾"(大块肉)、"脍"(肉丝)等等。周代"八珍"之一的"渍"讲切牛肉要"薄切之,必绝其理",所谓"绝其理",乃逆其纹路切之意;又如《论语》中讲"脍不厌细",从中都可以看出当时对不同的菜肴已有相应的刀工要求。

(三)配菜

1. 按季节配菜

如《礼记》中"脍:春用葱,秋用芥;豚:春用韭,秋用蓼;脂用葱……"讲的就是动物原料和辛香蔬菜(主要为调味)的配合,从而制作不同风味的菜肴。

2. 按原料本身的性、味选择搭配

《礼记》中"牛宜稌,羊宜黍,豕宜稷,犬宜粱,雁宜麦,鱼宜苽",讲的是动物原料与主食的配合,如牛肉适宜配糯米,羊肉适宜配黍米,猪肉适宜配高粱米,雁肉适宜配麦仁,鱼肉适宜配苽米。

(四)烹调方法

这一时期的烹调工艺逐渐增多。主要有:炙,指烤的烹饪方法;燔,将原料放在火上烧;炮,古人解为裹烧,即将原料用草帘、泥巴包裹起来,然后入火烧烤。炙、

燔、炮三种方法均是用火烤，但烤的方法各异。此外还有烹、炰、蒸、脯、煎、脍、卤、烙、炸、炖、干炒。这一时期炒法已用于做菜了。炒的运用是烹饪上的一个突破。

(五)火候

这一时期人们已能将文、武火灵活运用，以使食物成熟度适当，并产生嫩、糯的美味。

(六)调味

这一时期，调味技艺有较大发展。或先对原料加盐、姜、酒等调料腌、醉，或在烹饪过程中加调料调味，或在食物烹制成熟后蘸梅酱、醯、醢等调料食用。早期的调味理论逐渐形成。

(七)勾芡

《礼记·内则》的"堇、荁、粉、榆、免、滫、瀡以滑之"，大意是说，在做菜时，要用堇、荁、粉、榆，制得粉浆来勾芡，使菜肴变得滑润。与勾芡相类似的是挂糊，两者均是重要的烹饪工艺手段。

(八)食品雕刻

这一时期出现了早期的食品雕刻。《管子》卷十二有"雕卵然后瀹之，雕橑然后爨之"的记载，其本意是揭露富者生活奢侈的，但客观上却说明当时已有"雕卵"，即在蛋壳上刻画花纹。"雕卵"后又称为"镂鸡子"、"画卵"等，渐成一种习俗。

三、烹饪工具

(一)青铜炊餐具

这一时期，尤其是商周时期，出现了烹饪史上具有划时代意义的青铜炊餐具。用青铜制作的炊具、餐具，形状多样，精致美观，工艺水平极高。特别是青铜制作的炊具坚固耐用，传热快，对烹饪方法(主要是煎、炸、炒)的发展起了重大的推动作用。

青铜器具出现初期，仅能满足皇家、贵族和奴隶主的需求，广大平民百姓仍使用简陋的陶器和竹木器具作为炊餐用具。由于青铜器具在相当长的时期内是权力、地位的象征，因此曾经作为礼器使用。这也是商周时青铜铸造业发达的重要原因。商周之后，青铜器的使用进入较为普遍的阶段。1939 年在殷墟出土的"司母戊"大方鼎，重达 875 公斤，带耳高 133 厘米，是迄今所知的古代第一大鼎。1978年，湖北随县曾侯乙墓曾出土一件青铜器，暂名为炙炉或炒盘。此青铜器为战国初年制品。

这一时期还出现了一些青铜餐具及其他用具。这类器皿很多，如切割器、取食器，包括刀、俎(类砧板)、案(可作俎，又可作食桌)、匕(有舀饭、汤的圆匕，取食的尖匕)、箸(筷)、勺(挹酒、汤用)等；盛食器有鼎、簋、豆、盘、敦等；盛酒器有尊、卣、方彝、壶等，饮酒器有爵、角、斝、盉、瓠、觯、兕、觥等。还有一些专供冷藏使用的器具。

（二）陶、瓷炊餐具

这一时期，青铜器虽然盛极一时，但陶器仍在继续发展。一般百姓用的陶器炊餐具一直在大量生产，历久不衰。在陶器发展的过程中，我国劳动人民还采用不同的原料，运用高温烧制技术、施釉技术，逐步制作出白陶器、印纹硬陶器、釉陶器。又据《辞海》记载，瓷器也已出现。从商代中期到西周，原始瓷的生产已遍及长江中下游及黄河中下游地区。常见器物有尊、钵、罐、豆、簋、碗、盂、瓮等。器表釉色有青色、豆绿、淡黄、酱色、绛紫等。到春秋战国时，原始瓷器在质量、数量上又有发展，为瓷器日后进一步的发展和提高奠定了基础。

（三）玉、漆、象牙等餐具

这一时期的食器，还有以玉石、漆、象牙等为材料制作的，大多为贵族所享用。在原始社会后期已经出现玉制饰物或礼器。到商代，则出现了玉制的实用器物，古文献中就说纣王使用玉杯，而从殷墟"妇好"墓中出土的实用玉器食器有玉壶、玉簋、玉盘、玉勺、玉臼杵、玉匕等。西周、春秋战国时，主要有玉盘、玉杯、玉碗、玉壶、玉瓶等；在河姆渡文化时期，已有木胎漆碗出现。商代及战国时期，漆制食器明显增多，最有名的是湖北随县曾侯乙墓出土的漆器，有漆案、漆几、漆食具盒、漆酒具盒、漆鸳鸯形盒、漆盘等；象牙餐具可追溯到新石器时期，商周之时又有发展。

（四）箸

箸即筷子，先秦时又叫做"筴"或"梜"。《礼记·曲礼上》"羹之有菜者用梜，其无菜者不用梜。"而羹在当时是一种重要食品，无人不食，故梜的使用十分普遍。早期的箸可能用竹、木制作。商代已出现铜箸、象牙箸。

（五）灶具

春秋之前有用土石垒成的土灶。战国以后砖灶盛行。有些地方还有可以移动的小陶灶。这些灶具与炊具相配合，促进了烹饪技艺的发展。

四、名菜、美点、主食和饮料

（一）名菜

这一时期的名菜有《吕氏春秋·本味》中提到的"獾獾之炙"；《孟子》中提到的"脍炙"；《礼记·内则》中提到的鹿脯、田豕脯、麇脯、麕脯等。这一时期醢的品种很多。周天子用膳，得上一百二十瓮醢。著名的有"七菹"，为用韭、菁、茆、葵、芹、箔、笋制的菹。这一时期脍的品种也不少，牛、羊、豕、鱼等均可制脍。《周礼》、《礼记》所载的"周代八珍"；《左传》、《孟子》等书中提到的胹熊蹯、鸡跖、羊羹、炖鼋、蒸豚；《楚辞》记载的胹鳖、炮羔、鹄酸、露鸡、豺羹、苦狗等。

（二）美点

商代以前，中国的面食品还比较简单，主要有将谷物熬熟捣成粉状的"糗"等。

春秋战国时,随着旋转石磨的出现,米面粉加工技术和烹饪技艺的提高,面点品种有所增加,主要有:饵、餈、糁食、粗粢、酏食。酏食可能是中国最早的发酵饼。

(三)主食

1. 饭

商、周时,在《周礼》、《礼记》、《诗经》中出现了较多关于饭的记述。《礼记·内则》中有"饭:黍、稷、稻、粱、白黍、黄粱……"的记载。《诗经·大雅·生民》中有"释之叟叟,烝之浮浮"描绘淘米、蒸饭的名句。春秋战国时,吴、楚地区"饭稻羹鱼",米饭显然成了长江中下游地区人们的主食。这一时期,还出现了两个饭食方面的名品——淳熬、淳母,即"周代八珍"中的第一、第二珍。淳熬是一种将煎过的肉酱加在浇了油脂的旱稻米饭上的食品;淳母是一种将煎过的肉酱加在浇了油脂的黍米饭上的食品。这实际是两种肉酱盖浇饭。2000多年前的周代已能制作这种盖浇饭,难怪以其"珍贵"而流传至今。

2. 粥

传说中,粥在黄帝时已经出现。在甲骨金文中,有粥的本字"鬻"字,形为在鬲中煮米,热气蒸腾。在《礼记·月令》中,已有"仲秋之月,养衰老,授几杖,行糜粥食饮"的记述。这时,粥之厚者,如稠糊状的叫饘;稀薄一些的才叫粥。粥是普通百姓的饮食。

(四)饮料

除酒之外,此时还出现一些称为"饮"的饮料。如《周礼》中提到"四饮之物"(清、医、浆、酏)、"六饮"(水、浆、醴、凉、医、酏)等。其中有的属酒类,有的为酸味的浆水,有的似薄粥,有的为酒、水混合而成的饮料。

五、铜烹时期的宴席

对古代宴席的起源众说纷纭,有源于养老说,有源于祭祀说,有源于部落首领聚会说等等。比较而言,以源于养老说更具说服力。

中国宴席始于氏族社会后期,到夏商周已基本形成。这一时期宴席种类较多。殷商时有所谓衣祭、翌祭、侑祭、御祭等,与宴席密切相关。周代,乡饮礼、大射礼、婚礼、公食大夫礼、燕礼上均有宴席,礼节相当繁缛。至于周天子的饮食,也具有宴席的性质,什么时节什么日子食用什么都有严格的规定。

六、烹饪科学

随着饮食烹饪实践的发展以及实践经验的总结、提高,烹饪理论开始出现。主要表现在对用火、调味等方面的论述中(选料、配料亦有涉及)。

(一)有关火候的论述

这一时期,人们对用火的认识较前代深化。《周礼·天官·冢宰·烹人》:"掌共鼎镬,以给水火之齐(按同剂)……"大意是说:烹人的职责是掌理食物的烹煮与装鼎事宜,调配烹煮的火候及用水的分量。说明在烹饪时调控用火已被特别重视。

(二)有关调味的论述

与用火相比,调味方面的理论论述更多。

1. 按季节调味

《周礼》、《礼记》中均有"凡和,春多酸,夏多苦,秋多辛,冬多咸,调以滑甘"的论述。这实际上是以"五行"学说为依据来阐述调味和季节(四时)、人体(五脏)关系的。这种按季节调味的论述,一直影响到近现代。

2. 五味调和

《吕氏春秋·本味》也有调味的论述。"调和之事,必以甘、酸、苦、辛、咸。先后多少,其齐甚微,皆有自起。鼎中之变,精妙微纤,口弗能言,志弗能喻。若射御之微,阴阳之化,四时之数。故久而不弊,熟而不烂,甘而不哝,酸而不酷,咸而不减,辛而不烈,淡而不薄,肥而不腝。"这是传说中伊尹"以至味说汤"的内容,亦多寓意政治,但客观上却是以商代至战国很长一段时间中人们对五味调和实践的反映。

3. 某些菜肴用本味

所谓"大羹不和",就是指制作大羹不用调味,应用本味。因为大羹是祭祀用的,要"昭其俭也"。

4. 力求味美

《孟子·告子章句上》:"口之于味也,有同嗜焉;耳之于声也,有同听焉;目之于色也,有同美焉。"这里把人们对味觉美的追求与对听觉美、视觉美的追求相提并论,这对当时及后代调味技术的发展有一定促进作用。

(三)铜烹时期的食养和食疗

1. 食养

食养即饮食养生,就是通过合理的饮食、达到促进人体健康、寿命延长目的的一种方法。具体表现在:

(1)饮食卫生。当时,人们已较重视对食物洁、净及进食适时、适度的追求。在新石器时期的不少文化遗址中,曾发现过水井、陶制井圈、陶制下水管道,夏、商、周三代以后,更有发展。这说明中国人对饮水卫生早有认识。商周时,王室、贵族用"巾幂"遮盖尊彝、鼎俎等食器,以防尘和防虫。春秋时期,孔子对饮食卫生在《论语·乡党》也有"鱼馁而肉败,不食。色恶,不食。臭恶,不食"的论述。

《黄帝内经》中所说的"食饮有节"实际就是指进食要适度,主要指饮食不能过量或偏食。《墨子·辞过》记载"其为食也,足以增气充虚,疆体适腹而已矣",讲的是关于饮食适量就可强身健体的道理。

偏食也不利于健康长寿。《黄帝内经》对此颇多论述,如《五藏生成篇第十》:"是故多食咸,则脉凝注而变色;多食苦,则皮槁而毛拔;多食辛,则筋急而爪枯;多食酸,则肉胝而唇揭;多食甘,则骨痛而发落。此五味之所说也。"所以,人之饮食,既不能偏吃某一类食物,也不能嗜食五味中之某一味,这样会导致疾病的产生。

(2)饮食结构。在春秋以后,人们已开始注意饮食结构的合理性。《论语·乡党》记有"肉虽多,不使胜食气"。《黄帝内经》还有"毒药攻邪,五谷为养,五果为助,五畜为益,五菜为充,气味合而服之,以补精益气"的论述,既表达饮食与防病治病的关系,也申述了中国人的饮食结构应该以谷物为主,以水果、牲畜、蔬菜为辅的观点,以促使人体营养的平衡。

2.食疗

早期食疗的形成,约在商、周时期,那时已发明和利用能通血脉、行药势,而且还是一种很好的溶剂的酒,它对医药和食疗饮料的发展起了很好的作用。

据《周礼·天官》记载,周代设置"食医、疡医、疾医和兽医"等四种不同的医官,其中食医就是专管宫廷饮食医疗的医生。他专为帝王配制膳食,负责饮食营养保健工作。如文中所载:"食医,掌和王之六食、六饮、六膳、百羞、百酱、八珍之齐";"疡医,凡药以酸养骨,以辛养筋,以咸养脉,以苦养气,以甘养肉,以滑养窍"。以上都说明,当时人们对食物和五味的食疗作用已有相当认识。

战国时期出现了我国第一部医药理论专著《黄帝内经》,从内容上看,那时的人们对食疗的认识已进一步加深。《黄帝内经》在食疗发展的进程中曾经起到非常重要的作用。

第四节　铁烹时期的中国烹饪

铁烹时期在中国烹饪史上持续时间最长,影响最广,从公元前 221 年至公元 1911 年,跨越了中国封建社会的漫长历史。其中,秦、汉、魏、晋、南北朝时期,是铁制炊具创制的开始,故这一时期为铁烹早期。从公元 589 年隋朝统一至 1279 年南宋灭亡的近七百年间,中国历经隋、唐、五代十国、宋、辽、金等不同王朝,史学界一般称其为隋唐两宋时期,从中国饮食烹调发展历史来看,这一时期为铁烹中期。随着历史的发展,中国烹饪从元代开始进入铁烹近期,直至明清为止。这一时期是中外饮食文化和各民族风味大交流、大融合的时期,中国烹饪在许多方面都有较大的发展。

一、铁烹早期(秦、汉、魏、晋、南北朝时期)

(一)铁烹早期的烹饪原料

这一时期谷物、蔬菜、水果、禽畜、乳品、水产、调料等品种均迅速增加。

1.植物性原料

(1)谷物。秦汉国家统一,政府积极推广农业生产,不仅南方的种稻业有所发展,连北方的山东、河北也出现大面积稻田,谷物品种也随之迅速增加。魏晋南北朝时,由于选种技术的发展,谷物品种更多,《齐民要术》中就记有粟 97 种,黍 12 种,穄 6 种,粱 4 种,秫 6 种,小麦 8 种,水稻 36 种。又据记载,关中、华中、巴蜀、江南当时已列为著名谷物产区。

(2)蔬菜、水果。铁烹早期的蔬菜品种主要有韭、葱、葵、芜菁、姜、芥、蒜、瓜、瓠、莼、紫菜、茄子、萝卜、菘、蕨、蒇菜、木耳、菌类等。《齐民要术》还有"龙肝"、"虎掌"等蔬菜的记载。此外,兔头、狸头、白瓟、缣瓜以及乌瓜、女臂瓜、瓜州大瓜、青登瓜、桂枝瓜、春白瓜、秋泉瓜等可以入蔬的瓜类都是这一时期的蔬菜。

水果主要有桃、梨、李、梅、柰、杏、柿、柑橘、荔枝、龙眼、橙、枇杷、杨梅、樱桃、枣、甘蔗、香蕉等等。

张骞通西域以后,引进了一些蔬菜、水果品种,其中有黄瓜、大蒜、胡荽、苜蓿、石榴、葡萄、胡桃等,大大地丰富了烹饪原料。

(3)豆腐。在西汉时期豆腐已经出现。它的产生在中国和世界食品史上占有重要地位。据宋代朱熹的素食诗自注:"世传豆腐本为淮南王术。"明代李时珍《本草纲目》"豆腐"条"集解"也说:"豆腐之法,始于汉淮南王刘安"。

2. 动物性原料

(1)禽畜、乳制品。铁烹早期常用的禽畜有鸡、鸭、鹅、马、牛、羊、豕、犬、鹿、麇、獐、熊、兔、豹(豹胎)、蛇、鹌、鸮、雉、雁、鸽等。乳制品是北方少数民族的重要食品,有牛、羊乳及酪(发酵乳)、干酪、酥油、奶子酒等。其中,牛、羊乳及酪酥油均可作为菜肴、面点的辅料。

(2)水产。品种丰富,常见入馔的有鲤鱼、鲂鱼、鲫鱼、白鱼、鲈鱼、鲇鱼、丙穴鱼、子鱼、鳗鲡、刀鱼、鲟鱼、鲍鱼、蚶、牡蛎、蚌蛤、蝉鱼、鳖、蟹、蚌、蛙、虾等。其中名品有渤海产的鲍鱼、吴地产的鲈鱼、蜀地产的丙穴鱼和贵于牛羊的"洛鲤伊鲂"(据《洛阳伽蓝记》载)。

3. 其他类原料

(1)调味料。铁烹早期的调料除酒以外,还出现了许多新的品种。盐的品种有海盐、池盐、井盐、岩盐。在汉代已有豆酱。西汉史游《急救篇》颜注:"以豆合面而为之也。"这是从先秦时醢演变成的新品酱。它既是调味品,又可当菜肴食用。酱又可分酱汁、豉汁。到南北朝时,在《齐民要术》中出现"酱清",并用于做菜调味。这"酱清",即酱缸中上层澄清的一层液体,大概类似于我们今天说的酱油。《齐民要术》还列有专篇,在"酢,今醋也"之后,收录了 10 多种酢的制法。此外,酢又名苦酒。《齐民要术》收录了近十种苦酒制法。有大豆千岁苦酒、小麦苦酒、卒成苦酒、乌梅苦酒、外国苦酒等。

这一时期,植物性调味料常用的有生姜、葱、葱头、葱白、蒜、蒜白、小蒜、苏、荏、花椒、橘皮、马芹、胡芹、胡荽、荜拨、木兰、芥、榠、薤、茱萸、蓼、桂皮、芜荑等,石榴汁、蓝汁偶也用于调味。甜味调料主要有饴、蜜、石蜜、甘蔗饧等。

(2)油。这一时期仍多用动物脂肪,但麻油已明确出现,并用于制作菜肴。如《三国志》中已提到"麻油"一词。《齐民要术》所收"炙豚"等菜肴制作均用到了"麻油"或"净麻油"。

(二)烹饪工艺

1. 菜肴烹饪工艺

铁烹早期在选料、初加工、刀工、配料、烹饪方法、火候、调味等方面均有发展提高。

(1)选料。这时一方面是已注意按季节选料。如制莼羹,莼的选用,据《齐民要术》记载:"四月,莼生茎而未叶,名作'雉尾莼',第一肥美。叶舒长足,名曰丝莼。"由此可见铁烹早期先人们已熟知按季节选料。另一方面是按烹饪要求选料。《齐民要术》当中就有烤乳猪要选用还在吃奶的小猪,不论雄雌都可以用。

(2)初加工。据《齐民要术》记载,铁烹早期,已讲究按不同原料及烹饪要求对原料进行初加工。如用禽类制"五味脯",必先将原料"净治"、"去腥窍"(生殖腔)及翠上"脂瓶"(留脂瓶则臊也)。

(3)刀工。铁烹早期在烹饪时已崇尚刀工,如曹植在其《七启》中有如下的描绘:"蝉翼之割,剖纤析微。累如叠縠,离若散雪。轻随风飞,刃不转切。"反映了铁烹早期的刀工技艺较前期已有了相当大的提高。

(4)配料。这一时期的配料在继承铜烹时期经验的基础上,有了明显的提高,具体表现在讲究"清配清、浓配浓"的配伍技艺上。如"莼羹"中莼菜与鲈鱼配伍,"菰菌鱼羹"以菰菌与鱼肉配伍,都属清配清的范例。这时还开始注重配料的色泽和谐,如将烤鹅、烤鸭与芹、葱配伍,飞翠流丹,赏心悦目。

(5)烹调技法。铁烹早期烹调技法发展较快,旧的烹饪方法继续发展,新的烹饪方法脱颖而出。旧的烹调技法继续发展表现在:原来的羹、脯、菹、脍、炙等,到铁烹早期花色品种大有增加,其中以"炙"最为突出。据《齐民要术》记载,炙类菜多达十余种,而且炙法各不相同:"炙豚"是将乳猪整体炙,"棒炙"是将牛肉"逼火偏炙,色白便割,割偏又炙一面,含浆膏润,特异凡常也"。此外,还有"腩炙"、"衔炙"、"筒炙"、"肝炙"等。

铁烹早期,炒已用于做菜,《齐民要术》记有"鸭煎法",可见炒法在铁烹早期已渐多见。炒法脱颖而出,是烹饪史上划时代的创举。在其他制法中还提到"煮",即水煮或先煮后蒸法。

(6)火候。铁烹早期的烹饪用火也较前期有所发展。首先,注意调节火力强弱。据《齐民要术·炙法》记载:用火已能调节强弱,如以"微火"、"缓火"、"逼火"、"急火"烹制不同烹饪要求的原料。其次,注意掌握用火时间。《齐民要术》记载煮肉的时间应该是使肉在锅中"三沸"即成,制"胡炮肉"的时间应掌握在让柴火烧"炊一石米顷",即煮熟一石米的时间。其他如看肉的软烂程度,实际也是由用火时间决定的。

(7)味型。铁烹早期烹制菜肴已讲究调味,这除在理论上继承铜烹时期先人的调味论述外,在实践中又创制出许多新味型。除原来已使用的酸、甜、苦、辛、咸等基本味外,还用五味相互调和,以及用五味和姜、葱、蒜、椒、苏、蘘、马芹、莳萝、茱萸、橘皮、橙皮、芥末、石榴汁、荷叶、竹叶等配比、组合,从而演变出多种佳味。

中原地区的菜肴,以咸鲜、香鲜为主,亦有辛味的。这在《齐民要术》的记载中也可以得到印证。又如吴楚地区的菜肴,亦在先秦时风味的基础上有所发展,均以清鲜见长,在晋代名声远扬。又据《洛阳伽蓝记》载,吴地的水族风味菜已传至北魏首都洛阳,并产生一定的影响。

巴蜀地区的菜肴此时名气也逐渐扩大。据《华阳国志·蜀志》记载,巴蜀之人"尚滋味""好辛香"。又据左思《蜀都赋》记载,蜀地自古出产井盐、甘蔗、辛姜、菌桂、丹椒、茱萸、药酱,其他动植物原料也异常丰富,加之地理原因,故巴蜀地区菜肴以"辛香"见长。

岭南因地处亚热带,气候温和,动植物资源丰富,烹饪用料更为博杂,蛇、猴、穿山甲、果子狸、鱼虾水产、雁鹅茨雀均可入馔,故有"不论鸟兽蛇虫,无不食之"的评述。由于气候原因,菜肴口味较为清淡。

西北地区菜肴选料多用牛、羊肉及野味,烹饪方法以烧烤居多,为解牛羊之腥膻,重用香料,滋味浓郁,如烹制"胡炮肉"、"烤羊肉串"、"胡羹"和"棒炙"等,均用加重的香料调味。

2.面点制作技艺

铁烹早期,面点在发酵、面团、成形、调味、成熟等方面也有重大发展。

(1)发酵。面点发酵法萌芽于铜烹时期。到铁烹早期的汉代已出现如《四民脍》所载"入水即烂"的"酒溲饼"。魏晋南北朝时,面点发酵法进一步发展,并形成文字被保存下来。《齐民要术》转引《食经》中的"作饼酵法"中"作白饼法"两种发酵法,前者为酸浆酵,后者为酒酵。

(2)面团。铁烹早期,面团种类渐多,讲究按面点成品的需要调制,计有冷水与面粉和成的呆面团;有热汤与面粉和成的热水面团;有用蜜水调制的蜜糖面团;有以牛羊脂膏或牛羊乳调制的油酥面团;有用冷肉汤调制的面团;有发酵面团等等。

(3)成形。铁烹早期面点形状花色繁多,其成形手法有手工成形。"馎饦"用手撕面片;"水引"用手拉扯、按面条;馄饨用手擀皮、包裹馅心;胡饼、烧饼等用手工做成龟甲形、扁圆形等。而"豚耳"、"狗舌"则要用手将面剂做成猪耳、狗舌等形状。此外还有模器具成形。

(4)调味。这一时期调味主要有三种方法。一是在面粉或米粉中加咸味或甜味调料,然后再制成成品,如"水引"、"馎饦"等。"馎饦"就是用调好味的冷肉汤调和面粉后制成的。二是将面点制成后,浇带味肉汁,如"棋子面"、"豚皮饼"等。三是包馅心,如"烧饼"包羊肉、葱、盐、豆豉汁拌成的咸味馅心;"蒸饼"包干枣、胡桃等甜味馅心等。

(5)成熟。面点的成熟方法,视不同品种,分别采用水煮、气蒸、油煎、炸、炉烤等等。

(三)烹饪工具

1. 炊具

继陶制炊具、青铜炊具之后,铁制炊具也开始用于烹饪。据考古发现,汉代有铁鼎、铁釜。魏晋南北朝时,铁釜使用趋于普遍。此外,用于烙饼的铛,用于煎茶、烧水或煮药的铫,用于煎、炸、炒的镬等铁制炊具,在这一时期也相继出现。此外,文献载有魏文帝曹丕时的"五熟釜",此釜分5格,可同时煮5种食品,令人叹为观止。蒸笼和胡饼炉(即烤炉)也是在这一时期得到广泛推广普及的,推动了面点制作的发展。

炉子在汉代使用较多,有陶炉、铜炉、铁炉,形式不一,有三足鼎式,有盆式,也有杯式,上设支钉,下有灰膛。从出土的汉代画像石发现,这些火炉大多用于烹饪,有的甚至可以生火烤羊肉串。广东汉代墓葬中曾出土一种三足铁架,架上可以放置铁釜、铜釜、陶釜,用以熬煮食物。

2. 餐具

铁烹时期的餐具主要是漆器和瓷器制品。如湖南马王堆一号以及二号汉墓中出土的漆制餐具有鼎、盒、壶、卮、耳杯、盘、案、几、筯等,北京大葆台汉墓中亦曾出土一件鎏金漆案,十分精致,当为大型宴会所用。

先秦时期已有原始瓷器。汉代,进入陶器、原始瓷器向瓷器的过渡时期。魏晋时,已有质量较好的青瓷。据出土实物分析,汉代早期原始瓷,其质量较先秦时已明显提高,虽然只在瓷器的肩和上腹部分施釉,但釉层厚而光润。这时的餐具有瓿、鼎、壶、敦、盒、罐等。西汉晚期,鼎已消失,壶、罐、盆、勺增多。东汉晚期,制瓷技术又有提高,瓷胎较细,釉色光亮,釉和胎结合较紧。这时的餐具有镬斗、五联罐、碗、盏、盘、壶等。魏晋南北朝时,制瓷技艺趋于成熟,瓷器质量更高,品种更多。这时的餐具品种繁多,如越窑青瓷就有盘口壶、扁壶、鸡头壶、尊、罐、盆、盒等。

3. 粮食加工工具

铁烹时期的粮食加工工具有较大发展,并出现一些新的面粉加工工具,对面点的发展起了促进作用。

中国的石磨起源于先秦。战国时期,已有旋转石磨,但制造粗糙,数量不多。到了汉代,旋转石磨迅速发展,并已逐渐在民间普及。至西晋以后,磨齿大都凿成八区斜纹形。南北朝时科学家祖冲之曾发明以水作动力的"水碓磨",使用之后,京城为之轰动。中国的石磨由此进入成熟阶段,为小麦面粉的大量生产和利用提供了方便。由于米粉春出后仍有粗粒,麦面磨出后面粉与麦麸混杂,因此必须要有工具对其进一步加工。在汉代时,出现了缣筛,至迟在晋代,出现了箩,可以筛出细米粉和无麸的细面粉,为面点制作提供了优质原料。

(四)著名的烹饪产品

1. 名菜

魏晋南北朝时,中国菜肴进入重要发展阶段:菜肴新品种大量涌现,少数民族菜出现名品,佛教素菜脱颖而出。菜肴虽沿用以前的菜名和烹制方法,但其原料的配组变化、新味型的出现和烹调技艺的改进,使菜肴质量大胜于前。

羹、炙、脯、脍、菹、葅、酱等在原有基础上出现了更多名品。如魏时建安七子之一的曹植亲自烹制的"七宝驼蹄羹",一直流传至今。又如晋时吴地的莼羹,使在洛阳做官的张翰宁愿弃官,也要回乡吃莼羹鲈鱼脍,于是"莼鲈之思"成为千古美谈。《齐民要术》中"炙豚"(烤乳猪)特色最为显著,烤时要在猪表面多次刷清酒"发色",还要涂"新猪膏"或"净麻油",烤成后"色同琥珀,又类真金,入口则消,状若凌雪,含浆膏润,特异凡常",较先秦之"炮豚",又前进了一步。《齐民要术》中所收的"八和葅"系用蒜、姜、橘皮、白梅、熟栗、粳米饭、盐、酢制成,可伴脍食用。利用乳酸发酵加工保藏的蔬菜,其名品极多。如《齐民要术》中收录的木耳菹、白菹、蝉脯菹。酱的品种也有很多,如汉代有用蚌肉制成的鲏酱,用生肉腌制的腱酱,还有鱼肠酱、肉酱、鲷鱼酱、榆仁酱,魏晋时还有虾酱、卒成肉酱、干鲹鱼酱等。

铁烹早期,随着铁制炊器具问世,相继涌现了许多菜肴新品种。《西京杂记》卷二,有"传食五侯间,各得其欢心竞致奇膳,护合以为鲭,世称五侯鲭,以为奇味焉"的记载。五侯鲭实际是杂烩类菜肴。长沙马王堆一号汉墓出土的遗策上记有牛濯胃、濯豚、濯鸡等,濯,即用汤爆的烹饪方法做成的菜肴,说明当时汤爆的烹调技法比较流行。此外,魏晋南北朝的菜肴新品种还有《齐民要术》中记载的以蒸、腤、脏、煎、消、绿、奥、糟、苞等方法制成的蒸熊、蒸鸡、裹蒸生鱼、蜜纯煎鱼、奥肉、苞肉、糟肉等等,不胜枚举。

铁烹早期,少数民族饮食也取得了很大发展。著名的当推西北羌族的"羌煮"。魏晋南北朝时,西北少数民族的烤羊肉串在出土壁画上亦有反映。"胡炮肉"也相当出名,制法是将羊肉末加调料纳入羊肚,缝好,然后将其埋入灰火坑中烤熟,"香美异常",非一般菜肴可比。

2. 佛教素菜

史书记载,佛教在西汉末年、东汉初年传入中国。魏晋时期,由于大乘空宗的般若学说与当时盛行的玄学有相通之处,受到上层统治者的欢迎。南北朝时,社会动荡,人们更易受佛教思想的影响,因此,佛教在这一时期发展更快,佛教素菜也开始发展。

3. 名点

饼仍然是这一时期面制品的通称。据《释名》称："饼,并也,溲面使合并也。"据《释名》、《四民月令》、《饼赋》、《齐民要术》等书记载,汉魏六朝时的著名面点品种在五十种以上,主要有蒸饼、馎饦、水引、胡饼、髓饼、馒头、馄饨、煎饼、棋子面、膏环、粽等名品。除上述名点外,铁烹早期还有蓬饵、黄粢食、白粢食、蝎饼、豚耳、狗舌、剑带、案成、薄壮、起溲、牢丸、扁米栅等名点,分别散见于《西京杂记》、《释名》、《饼赋》、《南齐书》、《荆楚岁时记》等古籍及马王堆汉墓出土的遗策中。

4. 主食

北方多食豆、麦、粟、黍、稷等制成的饭和粥,南方则多食稻米做的饭和粥,但也有以雕胡或稗米做饭的。这时候的米已有粗精之分。在铁烹早期,大多将用米或麦仁等蒸煮而不带汤汁的食物称饭。此时的饭和粥,还出现不少名品。《齐民要术》醴酪第八十五篇中记有"杏仁粥"的制法。此外,汉代有著名的豆粥、黄粱饭等。

(五)铁烹早期的烹饪科学

1. 食养

铁烹早期,人们对饮食与疾病关系的认识较前深化。如汉代名医张仲景在《金匮要略》卷二十四中称:"所食之味,有与病相宜,有与身为害。若得宜,则益体,害则成疾,以此致危,例皆难疗。"晋张华《博物志》中也说:"山居之民多瘿肿疾,由于饮泉不流者。今荆南诸山郡东多此肿疾……"《金匮要略》中有两卷内容是专论饮食禁忌及其疗法的。

铁烹早期,人们对熟食、节制饮食也很重视。在东汉名医华佗的《食论》中也有记载,如食物应火化煮烂,口化细嚼,腹化运动,通过这"三化"才能有益健康。还有一些节制饮食的论述,主要是提倡饮食适时、适量,不能过食荤腥。

2. 饮食治疗

铁烹早期,用于治病的食物不少。如甘肃武威出土的西汉医简中许多药都是食物,马王堆三号汉墓出土的《五十二病方》中有四分之一的方剂由食物组成。《金匮要略》中也载有一些食疗方,如饮冬瓜汁、食冬瓜,治"食蟹中毒",吃蒸香豆豉、杏仁,治"(食)马肉中毒"等等。尤有价值的是,在葛洪《肘后方》中载有用海藻酒治瘿病的方子,这实际是用含碘食物治疗甲状腺肿,这比欧洲人用海藻治瘿早数百年,在世界医学史上具有重要意义。

(六)铁烹早期的饮食风俗

这一时期的烹饪技艺虽较铜烹时期有所发展,但饮食风俗变化不大。最突出的变化是节日食俗的出现。从史料来看,铜烹时期为中国节日的萌芽阶段,到铁烹早期的汉代以后,方才逐步定型。这一时期相继出现了元旦食俗、人日食俗、寒食节食俗、伏日食俗、端午节食俗、重阳食俗等。

二、铁烹中期(隋、唐、五代十国、宋、辽、金时期)

从公元 589 年隋朝统一中国至 1279 年南宋灭亡的近七百年间,中国历经隋、唐、五代十国、宋、辽、金等不同朝代,为中国烹饪的铁烹中期。这一时期,中国饮食烹调蓬勃发展。

(一)铁烹中期的烹饪原料

1．植物性原料

(1)谷物。中国古代把粟放在粮食的首位,其次是麦,再次是水稻;唐宋时随着生产力的不断进步,农田水利的恢复和发展,这种食物结构比例逐渐变化。水稻在北方有条件的地区大都被积极推广种植。随着南方粮食生产的长足发展,南方稻米逐步进入到北方乃至全国的饮食生活结构中。北宋时期北方种稻的区域已相当广泛。两宋时期的稻米产量和食用量已跃居全国粮食作物的第一位。小麦在南方有很大发展。北宋王朝不仅鼓励在北方种稻,同时还采用免税、借给种子等办法促使江南两浙、荆湖、岭南、福建等地农民种植大麦、荞麦、豆和粟。粟在此时仍是北方人民的主粮之一,但其地位在全国来讲已退居第三位。除稻、麦、粟外,黍、高粱等谷类食物在这一时期并没有完全退出历史舞台,有的还有所发展,只是没有稻、麦、粟所产数量多,亦未占重要位置。

(2)豆类。大豆在这一时期已逐渐遍及全国。大豆的用途,除了煮饭、煮粥掺用外,还制作成多种多样的副食品,如豆酱、豆豉、豆油、豆腐、豆芽等等。绿豆在唐宋时南北各地都有种植,食用方法除了做豆粥、豆饭、豆酒、豆芽菜外,还磨成粉做蒸糕、绿豆粉皮和粉丝。豆类原料还有豌豆、蚕豆等。蚕豆又称胡豆或佛豆,原产印度,也是这一时期传入中国的。

(3)蔬菜。隋唐两宋期间,蔬菜种植业不仅从农业中分离出来,而且迅速走上商品化道路,这和城市人口与经济发展是密切相关的。据史料记载,唐长安城人口达一百多万,成为世界性大都会,北宋的汴京和南宋的临安城市人口也将近百万。二三十万人口的城市在全国更多。人口的迅速增加,促使蔬菜种植得以迅速发展。

这一时期的蔬菜品种也较前代有显著增加,据史料统计,隋唐五代时期的品种有约四十个品种。蔬菜生产技术也发展到较高级的温室栽培。唐初对蔬菜可以用温室栽培促成早熟已有认识,只是到中唐时,才逐渐大量实施,使蔬菜供应不受季节限制。这比《大不列颠百科全书》所说的"温室栽培发生于 17 世纪"要早 9 个世纪。

(4)食用菌。菌类人工栽培是始于唐宋时期。韩鄂的《四时纂要》记述了我国古代的关于冬菇人工栽培的最为详细而具体的方法。这种方法与现代锯屑栽培食用菌的方法基本相同。为了推广普及食用菌,当时还专门研制出食用菌的主储藏方法。

2．动物性原料

（1）畜禽。铁烹中期处于中国封建社会经济的上升阶段,畜禽肉类食品之不足开始有较大的改观。这一时期人们食用的动物性食物已不只限于猪、狗、牛、羊等家畜和鸡、鸭、鹅等家禽,还有象、鹿、熊、驼等野生动物以及鹌鹑、乌骨鸡、鸽子等。此外,果子狸、青蛙、野猪、驴、猴、鹧鸪等野生禽兽,也是隋唐五代时期肉食原料。

（2）水产。铁烹中期,随着需求量的增加,淡水养鱼迅速发展。而当时被认为是"杂鱼"的青、草、鲢、鳙等鱼,后来竟成为驰名世界的"四大家鱼"。稻田养鱼在唐代也得到了发展。据记载,我国最早在稻田养鱼的是三国时的巴蜀地区,唐代已扩大到珠江流域。两宋时期,江南池塘众多,适宜的温度和充足的雨水,为养鱼提供了有利条件。淡水养鱼业的发展,使食用鱼的品种也显著增加,据各种史料记载统计,隋唐两宋时鱼的品类有四十多种。

3．其他原料

（1）调味料。铁烹中期不只增添了许多新的调料种类,而且制造技术也有新的突破,使这一时期味型更为丰富多彩。韩鄂《四时纂要》卷三有以咸豉榨取咸汁以点菜食的记载,是我国最早见于文献记载的酱油制作方法。虽然酱油的名称在宋代才出现,但其酿制当从唐代开始。中国能用蔗汁提炼砂糖的时期,有明确记录是在唐太宗时代,当时从印度请来工匠,传入了蔗汁制糖法。红曲于唐代问世。据唐史料记载,红曲是可以直接食用的,到了五代时,红曲被用于煮肉。

（2）油脂。隋唐两宋时期,植物油食用得以普及。据《太平广记》载,唐时商人"恒以鱼膏杂油中,以图厚利"。这说明动物油已逐渐为人所轻,植物油被普遍用于烹制菜肴,这是我国烹饪史上的一个重大飞跃。

（二）烹饪工艺

这一时期的烹调技术理论已从丰富的实践中逐步得以提炼,并有不少精要的阐发。唐段成式《酉阳杂俎》中载有"物无不堪食,唯在火候,善均五味"。就是说要菜点做得合乎要求,必须掌握火候和调味两个关键问题。在品味标准方面,宋苏易简认为"物无定味,适口者珍",就是说菜点的标准应以是否适合于人体需要的口味为第一。在烹制食物原则方面,宋人周悼的《清波杂志》指出了烹调食物应掌握"烂、热、少"的原则。在烹调食物的火候方面,《隋书·王劭传》中有关于当时人们对于认识烹调技术与火候,火候与烹调食物的色、味、香、形的密切关系的说明。

1．燃料

铁烹中期的烹调燃料有了新的发展和变化。用木炭作燃料烹调食物得到很大发展,当时已经出现了专门从事烧炭的行业。用炭烹制食品,火力旺盛持久,有利于制作费火工的菜肴。正因为如此,唐宋用大火烹炒,用文火焙、焖、烧、烘的菜也就多了起来。

在引火技术方面,隋唐两宋也有新的突破。晚唐和五代时,我国不仅发明了原始火柴,当时被称为"引火奴",而且市场上已有销售。火柴的发明,可使烹调引火更加方便。

2. 花色菜与食品雕刻

铁烹中期烹调技艺飞跃发展的一个显著特点,是象形菜和花色菜的问世与发展。"辋川小样"就是这一时期象形花色菜肴的代表作,它把"辋川图"二十景再现于花式冷盘中,将绘画艺术与烹饪技艺巧妙地结合起来。

(1)象形花色菜。象形菜不仅包括改刀、烹制、拼摆等多方面的技艺,而且具有一定的文化艺术内涵。隋代有"镂金龙凤蟹",相传是隋炀帝的专用佳肴。据《清异录》记载,它是在糖蟹、糟蟹上面,覆盖一张金纸镂刻龙凤图形装饰而成的,可谓是极其讲究的象形工艺菜。"二十四气馄饨"是唐代韦巨源献给唐中宗的食品。据《清异录》记载,其"花形、馅料各异,凡二十四种"。这就是说,要用二十四种不同的馅料,捏成二十四种不同的花形,的确是非常高难的技术。

(2)食品雕刻工艺。食品雕刻工艺在这一时期有了进一步的发展。首先,扩大了食品雕刻的范围。魏晋南北朝时期仅限手画卵、雕蛋的较小范围内,隋唐五代时已扩大到饭、糕和菜肴方面。如韦巨源《烧尾宴食单》中的"玉露团",注明是"雕酥",也就是说它是在酥酪上进行雕刻的。"御黄王母饭"注明是"遍镂卵脂盖饭面",可见它是在鸡蛋和脂油上进行雕刻。这一时期的食品雕刻达到了高度的艺术境界,较为突出有代表性的就是"镂鸡子",表现出我国的食品雕刻工艺技术日臻成熟完美。

3. 冷荤制品

冷荤制品增多,是铁烹中期烹饪技艺发展的重要特征之一,也是这一时期宴席菜肴组合形式的新变化,即冷荤菜上席于热菜之前。前文提及的大型花色组装菜——辋川小样,就是冷盘制品的代表作。唐代《烧尾宴》中的"五生盘"也颇有特色。陶谷注释"羊豕牛熊鹿并细",就是选用羊、猪、牛、熊、鹿五种动物肉,细切成脍,再进行拼制的花色冷盘。到了宋代,冷盘菜较之唐代有了大幅度增长,这突出表现在都市饮食店铺中的冷荤菜花样翻新。

冷荤制品主要有脯腊制品,唐宋时期它成了冷荤菜的一个组成部分。此外,还有一些冷冻菜如水晶脍,因色白透明如水晶故名,是宋代最著名的冷冻菜。

4. 食品保藏技术

铁烹中期,由于食物日益丰富,在食物的保藏加工方面,已探索、创造出多种方法,所掌握的方法也日益丰富,其中不少方法是直到今天仍在运用的。以肉蛋为例,其加工保藏方法较前代突出的有淡干法、盐腌法以及酒糟渍法。

(三)烹饪工具

1. 炊具

铁烹中期传热迅速、轻巧方便的金属炊具得以发展,釜、甑、锅、刀、勺等炊具既经济实用,又精致美观,有许多器具的结构造型合乎科学道理,有些则具备现代炊具的雏形,也有些直至后世仍然广泛应用。在炉、锅等方面也有创造,如南宋人林洪《山家清供》中所写"拨霞供"的吃法,实际是涮兔肉,和后世的涮羊肉吃法大致相同。

2. 餐具

(1)瓷器餐具。此时瓷制餐具已正式占领餐桌。就瓷器的种类而言,隋唐时可以说饮食所用的瓷制器皿基本上都具备了。及至宋代,中国的瓷器有了突飞猛进的发展,主要表现在彩釉和花纹的刻绘方面,即使用氧化铜造出红色釉,并创造出青、红等各色光润鲜艳的釉彩,如两面彩、釉里青、釉里红等等,都是宋代瓷器的特色。

(2)金、银、玉、水晶、玛瑙等餐具。这些餐具主要为帝王将相、达官显贵所用。如唐玄宗赐给安禄山的"金银平脱隔馄饨盘"是用金、银、漆、竹合制的。即把金、银薄片雕成花纹,胶粘在漆胎上,上漆后打磨推光,显出闪闪发光的金银花纹,与油漆色彩交相辉映,十分美观。

(四)风味流派

唐宋时期,中国烹饪风味流派已粗具雏形。孟元老的《东京梦华录》等书记述,北宋汴京和南宋临安市肆已有北食、南食、川菜和素食的区分。

当时的北食主要指黄河流域的菜点。由于中国古代的政治、经济和文化中心,长期以来多在黄河流域,这里以生产粟麦和牛羊肉为主,所以这些物料也就成为这一地域饮食烹调的物质基础,并且习已成俗,从而形成与南食对比极为显明的"北食"风味流派。当时不仅京都长安、汴京和临安的宫廷视牛羊肉,特别是羊肉为珍馔,民间亦视羊肉为高贵食品。当时的"南食"主要指长江中下游的菜肴。长江中下游原为吴、越、楚的政治、文化中心,隋唐时成为中国南北的交通枢纽,素为中国的鱼米之乡,菜肴多以水产为原料,特别是在宋代,鱼虾菜的比重大大增多,并成为"南食"的首要特点。

当时的川菜因继承了巴蜀等地"尚滋味"、"好辛香"而显得尤为突出。四川物富民殷,号称"天府之国"。唐宋时"扬一益二",富甲天下,川菜发展极为迅速,率先成为中国饮食中独特的风味流派,成为宋代全国很多人所嗜的风味。

当时的"素食",较之南北朝时期有了突飞猛进的发展。蔬菜种植技术的发展和烹饪技术的不断提高及部分有影响的信仰宗教人士的大力提倡,使素食这个风味流派更加日臻完美。突出反映在素食品种日益繁多,专营素食的民间小馆问世和以素仿荤菜应运而生,影响遍及全国各地。

(五)烹饪产品

1. 名菜

铁烹中期除继承和发展脍、炙、鲊、羹臛等品类外,还由于食源的拓展,烹调技术的进步,增加了许多新的菜肴和奇珍异馔,使中国菜肴进入到丰富多彩的新阶段。隋唐五代时,仅谢讽《食经》记载的宫廷菜就达53种。韦巨源的《烧尾宴食单》载有官府菜共58味。段成式的《酉阳杂俎》、刘恂的《岭表录异》和《云仙杂记》等载有菜肴近百种。如果加上笔记、小说和诗词中所记零星菜肴,总数约在300多种。两宋时期,孟元老的《东京梦华录》中所载汴京市民饮食约有百余种,而南宋临安则更多,仅《梦粱录》中所列市民菜单有243种,加上酒肆、面食店所列菜单可达300多种,林洪的《山家清供》中载有山村菜100多种和宫廷菜200多种,总计在700种以上,较之隋唐成倍地增长。

这一时期的脍品有:金齑玉脍、丁子香淋脍、海鲜脍、五色脍、淡菜脍等;炙品有:金玲炙、驼峰炙、象鼻炙、消灵炙、鸳鸯炙等;鲊品主要有玲珑牡丹鲊、野猪鲊、黄雀鲊等;羹臛类主要有驼蹄羹、宋嫂鱼羹、十远羹、江瑶清羹等。

　　2.名点

铁烹中期用面粉做成的点心很多,有各种各样的饼、糕、酥、包子、馄饨、面等等,丰富多彩,别开生面,尤其是糕饼点心,已运用酥、乳、糖、肉、泥等作配料,制作相当精美。这类点心还可充作正膳。谢讽的《食经》中有"紫龙糕"、"花折鹅糕";韦巨源的《烧尾宴食单》中有"水晶龙风糕";《隋唐嘉话》中的"百花糕";《云仙杂记》中的"软枣糕"、"玉粱糕"等,都在当时较为著名。其用料也是多种多样,主料有麦面粉、黄米粉、荞麦粉、大米粉等。配料除糖蜜外,还有各种花瓣或果实。"点心"一词出自唐代,据南宋吴曾的《能改斋漫录》记载,点心指量少质精的早餐。1966～1972年在新疆吐鲁番阿斯塔那唐代墓葬内出土的花式点心,为我们提供了极其珍贵的实物资料,这些花式点心新颖别致,确为国内外罕见的珍贵文物。

　　3.主食

这一时期的主食主要有饭和粥。当时,除了南方多用米、北方多用粟、东北和西北地区也有用高粱和大麦做饭外,大量出现了用多种原料合制的饭,如韦巨源《烧尾宴食单》中的"御黄王母饭",《北户录》中的"团油饭"等。由于各种谷物产量不同和封建社会等级森严,达官贵人和平民百姓所享用的饭是有显著区别的。富贵人家的饭也是相当考究的。据《北户录》记载,唐时岭南地区用煎虾、鱼炙、鸡鹅、煮猪羊肉、鸡子羹、饼灌肠、蒸肠菜、粉糍、粔籹、蕉子、姜桂、盐、豆等装在一起,称为"团油饭",是富贵人家妇女产儿三日、足月行洗礼时食用的。平民百姓的饭虽是借以充饥果腹的,但也有它自己的特色。唐宋时期的黄粱饭和大麦饭是广大人民所常食的两个品种。

　　(六)铁烹中期的饮食市场

铁烹中期的饮食市场相当兴旺发达,其经营规模、范围、方式等都有很大发展,饮食市场遍布全国。《通典》卷七载:"东至宋汴,西至岐州,夹路列店肆,待客酒馔丰益。"就连乡村也有酒店,杜牧"借问酒家何处有,牧童遥指杏花村",即可佐证。

宋代更是如此,当时,饮食市场形成一定规模,这一时期饮食业的发展突飞猛进,但与当时社会生产力的发展极不平衡。中国的夜市出现于唐代。扬州、苏州、杭州、成都等地都有夜市。北宋夜市更是盛况空前,《东京梦华录》载,茶坊"内有仙洞、仙桥,仕女往往夜游,吃茶于彼",大酒楼如"高阳正店,夜市尤盛";南北食店也是"夜市直至三更尽,才五更又复开张";"冬月虽大风雪阴雨,夜市亦有";朱雀门一带,"街心市井,至夜尤盛"。

铁烹中期因"丝绸之路"进一步拓宽,不少胡人旅居京都长安、汴京、临安和扬州、广州、泉州等地,"胡姬酒肆"曾为唐宋饮食市场开创了新的局面,繁荣了饮食市场。

(七)铁烹中期的烹饪科学

铁烹中期是中医食物疗疾日渐成熟的阶段。这一时期,人们从丰富的生活经验中,掌握了许多膳食营养与卫生的科学知识。

1. 食疗与健康

孙思邈在《千金食治》的"序论"中,首先谈到了食能治病,食亦能致病的观点,从理论上说明了食物本身就是药物的道理,但饮食又不能贪多,要遵循"节饮食是以养性"的原则。"先饥而后食,先渴而后饮"、"莫强食"、"莫强饮"等观念,把食的利与害分析得非常透彻。

2. 食物治病的依据和原则

隋唐五代时期的学者对这方面都有精辟的论述。他们首先对五脏五味的理论作了深入的分析。除了在《千金食治》药物部分,综述了唐以前历代诸书的食物药品,系统地把日常饮食之物的治病功能作了简单的阐述外,在其他篇幅中,还散记了各种食疗方剂。孟诜的《食疗本草》、咎殷的《食医心鉴》、陈士良的《食性本草》和陈藏器的《本草拾遗》等,均提出了一些对食疗的见解和各种疾病食疗的方法,在促进我国食疗学说系统化方面起了很大的作用。

3. 营养卫生

孙思邈认为,一般食物都有补益之功,补益得力,则却病延年,精力充沛。一般的人都须适当地进补,而对体弱或大病初愈者尤须补益。此外,当时人们已知保持口腔清洁卫生,孙思邈认为"食毕当漱口数过,令人牙齿不败"。当时人们还认识了老鼠是传染病的媒介之一,为保护环境卫生需要灭鼠,于是创造发明出逐鼠器。

(八)铁烹中期的饮食文化交流

铁烹中期,特别是唐代,中外经济、文化的交流达到鼎盛。其中,在饮食品种上的互通有无,烹调技艺上的取长补短,做得充分而广泛,使汉族吸收了其他民族和国家的烹饪文化,又使汉族的烹饪文化传播于世界各地,为世界饮食文化作出了贡献。

1. 与西域的交流

隋唐时期,社会安定,交通发达,为发展各民族之间的饮食交流创造了有利条件。

与吐蕃的交流大致始于文成公主嫁与松赞干布之时。唐和吐蕃的关系从此日益密切,吐蕃的经济文化和饮食文化也有发展。史籍记载,文成公主去吐蕃时,带去了小麦、青稞、蔬菜种子以及药物、手工艺品和有关生产技术的书籍等,并教吐蕃人耕作的技术。此外,西域的高昌、焉耆、龟兹、于阗、疏勒等地方的少数民族,都与中原有着一定的来往。汉族地区的许多生产技术和食物——茶叶、馄饨、馓子及花色点心等也都传入西域。

2. 与外国的饮食文化交流

这一时期,与波斯、大食等国的饮食文化交流也很频繁。据《资治通鉴·德宗纪》载,外国商人中以波斯和大食(今阿拉伯)人占多数。除了同回纥由中亚陆路而来的以外,波斯、大食商人则多由海路而来,一般是先自南海至广州,由广州经洪州、扬州、洛阳而到达长安。伊斯兰教清真饮食风俗当系此时传入中国。如饽饦、烧饼、胡饼等皆为胡食。此外,隋唐两宋从波斯等国家传入的蔬果等作物主要有:波斯枣、西瓜、莴笋、包菜、齐暾子油、底称实、野称实、野悉蜜等。

隋唐时期,因受到南朝梁武帝萧衍信奉佛教的影响,与印度等南亚诸国来往更为密切。唐初,唐僧玄奘和义净去印度取经,使信奉佛教达到了高潮。这一时期从印度引进的胡椒、蚕豆、茄子,从尼泊尔引进的菠菜、酢菜、浑提葱等,进一步发展了中国的饮食文化。

当时的日本为了向封建经济与文化高度发达的唐朝学习,在260多年间,先后向中国正式派遣了十六次使团,大批的日本留学生和学问僧随同使节到中国来学习。其中,就有专门学习制作食物的"味僧"。中国也先后多次派遣使节和僧侣到日本去进行文化交流和传教。随着遣唐使的东归,唐代宫廷与民间美味流传到了日本。如茶叶,就是由日本入唐的高僧最澄传入日本的。日本饮茶之风由此形成。我国高僧鉴真东渡时带去大量食品,据《唐大和尚东征传》记载,鉴真所携带的食物除脂红绿米、面外,还有胡饼、烧饼、薄饼等。

中国与朝鲜半岛的关系,唐代也有了新的发展。当时朝鲜向中国输出牛、马、布、纸、墨、笔和折扇等,中国向朝鲜输出茶叶、瓷器、药材、丝绸和书籍等。

三、铁烹近期(元、明、清时期)

中国烹饪从元代开始进入铁烹近期,直至清朝末年为止。这一时期是中外饮食文化和各民族风味大交流、大融合的时期,中国烹饪在许多方面都有较大的发展。作为铁烹近期的元明清三代,烹饪工艺更加精湛,著名的馔肴品种大量涌现,饮食养生和烹饪技术理论走向成熟和完善,国内外饮食文化广泛交流,这一切在中国烹饪史上留下了光辉的一页。

(一)铁烹近期烹饪原料的扩大与发展

1. 植物性原料

(1)谷类。铁烹近期谷物种植地域和面积有所扩大,品种也更加丰富多样,栽培技术进一步提高,促进了稻、麦的扩大与发展,为饭粥、面点的发展奠定了坚实的基础。

宋元时对占城稻等早稻品种大力推广,到明清时代,稻的种植虽然仍以南方为主,但北方也有较为明显的增加,京津郊区及河套、东北等地都有种植,因而稻谷的总产量在全国粮食中的比重有很大提高。《天工开物》中还依据稻的黏性、形状、色泽及生长期等对其作了分类,说明当时中国稻在种类上是籼、粳、糯分明,早、中、晚齐备,而具体的品种则不胜枚举。此外,稻的栽培技术也有进一步提高,在南方广泛实行一年两熟的耕作制度。

麦在铁烹近期种植逐渐遍及全国,在全国粮食作物中的地位已仅次于稻,但各地的分布极不平衡。明末《沈氏农书》还专门记载了为解决江南地区稻茬麦田适时播种的问题,而创造的小麦浸种催芽和育苗移栽的新技术,更促进了麦类生产的发展。

(2)蔬菜。铁烹近期,蔬菜新品种不断涌现,产量大增。从明代到清代末年,就新增近60个品种。随着品种的增多,对蔬菜的分类也越来越科学。明代李时珍在《本草纲目》中就已将它分为五类:①荤辛类,即韭、葱、蒜、芥等;②柔滑类,即菠菜、蕹菜、莴苣等;③瓜菜类,即南瓜、丝瓜、冬瓜等;④水菜类,即紫菜、石花菜等;⑤芝栭类,即芝、菌、木耳等。以上分类与现代科学的蔬菜分类已很接近。

蔬菜品种大量增加,主要原因是大量引进国外品种。引进的国外品种有辣椒、番茄、南瓜、四季豆、土豆、花菜及洋葱等。后来又对前代引进的蔬菜品种加以精心培育、改良而变为中国独特的品种类型,如茄子和莴苣等。此外,还驯化野生蔬菜,优化古代蔬菜品种,以质带量,丰富蔬菜资源。特别是这一时期,蔬菜的加温栽培技术得到进一步完善和提高,打破了蔬菜生产的季节限制。这一时期,甘薯及玉米、花生等传入中国,并迅速发展成为重要的食物原料。

2. 动物性原料

中国渔业在铁烹近期有很大发展,水产品在品种和产量上都有增加,其中的海参、鱼翅利用已颇为广泛,成为珍贵的烹饪原料,进入满汉全席及其他宴席之中。

铁烹近期,在江河湖泊流域及沿海地区的人们进行着比前代更大规模的水产捕捞活动。此外,人们还广泛地养殖水产。元代时尽管受到战争影响,但政府仍下令"近水之家,凿池养鱼"。到明清时,淡水养鱼有了较大发展,养鱼的经验、技术明显提高,规模和产量增大。除养鱼外,还广泛养殖贝类和藻类,明代福建、广东已养殖缢蛏,清乾隆时东莞县沙井地区已有大规模养牡蛎的记载。这都使水产品种类扩大,产量显著增加。

海参在明代时期已经成为皇帝喜食之物。食用鱼翅最迟出现于宋代,《宋会要》就有从海外向福建输入鱼翅的记述。明代时食用鱼翅较为广泛,皇帝及百姓都视其为菜肴珍品。到了清代,鱼翅的食用更加广泛,不但进入满汉全席,且出现以之命名的宴席。李斗《扬州画舫录》亦载,鱼翅同海参一样进入满汉全席,成海八珍菜之一,《清稗类钞》则在"宴会之宴席"中记载了以鱼翅命名的宴席"鱼翅席"。由于鱼翅数量少,崇尚的人众多,致使其价格日渐昂贵,烹调技术也日趋多样。

(二)铁烹近期的炊餐具

铁烹近期,餐具在继续沿用前代的基础上,其生产所用材质已大有增加,产品工艺也向高品位、高质量发展。

1. 陶瓷餐具

铁烹近期是中国陶瓷发展的鼎盛期,从制作工艺、釉色到造型、装饰等方面都有巨大的发展与创新。由陶瓷制成的餐具也有很大发展。

元代的瓷器在中国陶瓷史上占有重要的地位。当时最有突出成就的是景德镇窑。它在制瓷工艺上成功地烧出了釉下彩的青花、釉里红以及属于颜色釉的卵白釉、铜红釉、钴蓝釉,使瓷器发展到一个新阶段。明代的瓷器以景德镇的产品为最精。明代的陶瓷除瓷器外,宜兴的紫砂陶器也开始盛行,它耐热性好、传热慢,久用多光泽。清代,尤其是康熙、雍正、乾隆三朝,进入了瓷器生产的黄金时代。有些瓷器造型很独特,如康熙时的金钟杯,如同一只倒置的小铜钟;笠式碗如倒放的笠帽。雍正时的鸡心碗、仿成化斗彩的马蹄杯、鸡缸杯,形态均十分美观。

铁烹近期,以景德镇为代表的瓷器享誉中外,产品遍及亚、非、欧、美。明清御器厂还按订货合同,专门制作西方国家所需的餐具和咖啡具。至此,中国开始用陶瓷工艺制作西式餐具。

2. 金属炊餐具

铁烹近期,金属材料有新发展,官府、民间制作金属器具的行业繁荣兴盛,所制炊餐具的品种和数量显著增加,几乎涉及饮食生活的各个方面。特别在清代,金银器制作工艺发展到高峰,如孔府现存的一套银制餐具,是乾隆皇帝作为其女的陪嫁送到孔府的,名为满汉宴席银质点铜锡仿古象形水火餐具,共 404 件,可上 196 道菜,由小餐具、水餐具、火餐具及点心全盒组成。其中小餐具有象牙筷、银匙勺、酒杯、口汤碗、分碟、高足鲜果碟、瓜形干果碟、漱口盂等。水餐具每件都由盖、盘或碗、水锅组成。火餐具即火锅,有涮锅和菊花锅两类。整套餐具精美绝伦,是文化、艺术的结晶。

清末傅崇矩在《成都通览》中记载了当时成都使用铜、铁炊餐具的情况,铜制品有茶船、茶炊、火壶、锅、瓢、杯、盘等,铁制品仅锅类就有各种规格大小不同的毛边锅、水锅、耳锅、鼎锅等,还有专门用于制作蒸糕及锅盔的炉具。

锡器的制作始于明代永乐年间。由于锡的熔点低、质软、易加工,且无毒、不锈、防潮、耐酸碱,非常适宜作饮食器具。《成都通览》也记载了当时成都各种席桌上及日常饮食中的锡制炊餐具,有菜饭盒、杯碟、茶船、水碗、火锅等,品种多样且使用广泛。

3. 其他餐具

铁烹近期,对外往来日益频繁,受其影响,制作餐具的原料、工艺有所增加和变化,开始采用新型原料、工艺制作新的餐具,使餐具的数量与品种进一步扩大。例如,玉器制作经过数千年的发展,于铁烹近期进入极为繁荣的时期,仅餐具的品种就有卮、盘、杯、壶、爵、碗、箸、瓮等。元代的玉器讲究厚重古朴,明代的玉器主要以精细见长,清代中叶,玉器制作到了鼎盛时期。当时宫中经常使用的青玉凤把执壶、白玉活环托杯、青玉雕螭觥觥、玛瑙凤首觥及水晶杯等餐具,在造型和装饰上都很精美独特。

在铁烹近期,由于与国外的交往日益频繁,人们不再满足于制作传统器具,又引入一些新型的原料与工艺,制作金属珐琅制品、景泰蓝和玻璃制品。景泰蓝工艺自阿拉伯地区传入,所用色料也是国外进口的,但经我国工匠消化吸收,不久便民族化了。用它制作的餐具主要有尊、壶、盘、碗等。玻璃餐具在清代末年就已较大量地制作并使用了。这些餐具的出现,使中国餐具变得更加丰富多彩。

(三)铁烹近期的烹饪产品

1. 主食

(1)饭。清代袁枚在《随园食单》中专门列有"饭粥单",称"饭者,百味之本",在比较了制饭的两种主要烹调方法——蒸与煮的优劣后倡导煮法。这一时期饭的名品有桃花饭、花露饭、荷叶烧饭、荷包饭、包儿饭。除此而外,铁烹近期还继承、保留前代许多名饭品种,如青精饭、蟠桃饭、玉井饭、薏苡饭和蛋炒饭等等。

(2)粥。这一时期粥的种类很多,若用最简明的方法,则主要可分为单纯用米制成的普通粥和添加其他食物原料或药物制成的特殊粥两大类。其中著名的粥的名品有神仙粥、羊肉粥、绿豆粥、鹿尾粥。

2. 菜肴

铁烹近期的菜肴质量和数量大大超过前代,仅著名菜肴就多达数千种。这些菜肴各具独特的风味,并在此基础上形成了中国菜的主要风味流派。其中具有代表性的菜肴有元代名菜:马思答吉汤、鼓儿签子、腌鱼、锅烧肉、云林鹅。明代名菜:臊子蛤蜊、藏蒸猪、三事、蒜烧鳝。清代名菜:糟火腿、蟹丸、煨冬瓜、八宝豆腐、醋搂鱼、焖发菜。

3. 面点名品

铁烹近期旧有的面点品种也有所发展,不仅衍生出许多新的品种,如面条类派生出的挂面、抻面、刀削面、伊府面等,包子类发展出汤包、米包、水煎包等,而且产生了许多著名的品种,如元代的剪花馒头、天花包子、水晶角儿、秃秃麻食,明代的荞麦花、裹蒸、一捻酥、鸡面,清代的五香面、八珍糕、煎堆、茯苓糕、萨其马、面包等等。

（四）铁烹时期的烹调工艺

1．菜肴烹调技术

这一时期菜肴烹调技术普遍提高。元代已有柳叶形、骰子块、象眼块等诸多名目,明代时出现了整鸡出骨技术,到清代瓜雕由作宴席装饰品演变成为瓜盅。铁烹近期出现了新的挂糊、勾芡技术,蛋清、淀粉被大量使用。此外还注重吊汤技艺,并开始用虾汁、鸭蛋制汤。烹调技法趋于精细,如《随园食单》已载有用煨法烹制海参、鲍鱼、鱼翅、猪头,并提到可视不同情况分为红煨、白煨、清煨、汤煨、酒煨等。炖法、炝法都是在这个时期出现的,如清《调鼎集》中载有炝荽菜、炝虾等菜肴。冠以"拔丝"之名的菜肴也是清代出现的。汤汁烧法到铁烹近期已逐步发展成红烧、白烧、软烧、干烧、生烧、熟烧、半熟烧、酒烧、酱烧等。爆、熠、炸、煮、焖、蒸等烹饪方法,到铁烹近期也分别有所发展。

2．面点工艺

铁烹近期,各民族广泛融合,中外交往日益频繁,面点制作经过不断地吸收与创新,不仅技术迅速提高,朝着精细化方向发展,而且面点新品种大量涌现,市肆面点、少数民族面点、食疗面点尤具特色,其风味流派基本形成,在人们饮食生活中的地位也日益突出,使得整个面点进入全面而迅速的发展阶段。

（1）面团调制和成形技术。面粉的质量迅速提高,出现山东的"飞面"、江南的"澄粉"等上等面粉,成形技术主要有:水调面团、发酵面团、油酥面团、押面、模制面等。

（2）馅心浇头制作技术。铁烹近期用于面点的馅心、浇头制作多种多样,用料丰富,不仅包括各种糖类、肉类、蔬菜,还有各种调味料,甚至包括绿豆等杂粮及具有药用价值的多种花卉和药物。浇头具有咸、甜、酸、辣及五香等各种滋味。

（3）面点成熟方法。由于炒锅、煎盘、鏊、蒸笼、烤炉等炊具的进一步改进、完善与大量使用,面点的成熟方法已经常采用蒸、煮、炸、煎、烤、熠、炒等,并进而向多种方法综合运用的方向发展。

（4）面点原料。清代面点原料除以麦面为主外,还大量使用米粉、杂粮粉以及其他粉类。它们或单独使用,或综合利用。此外,还出现了大量的用果品为原料制作的糕点,明代《饮馔服食笺》中列有各种水果制的点心,清代《醒园录》记载了用西瓜、山楂、橙子、木瓜等为原料制作的糕点。

3．保存技术

食物的保存与加工,发展到铁烹近期,方法更加丰富多样,技术也更加成熟完善,形成了较完整的食物保存与加工体系。当时主要的食物保存与加工方法有:保温降温保存。这是最古老的保存方法,窖藏、沙藏、冰藏、井藏等即属于此类。脱水保存。在铁烹近期,用脱水方法保存与加工的食物范围已相当广泛,品种极多。如火肉即后世所称的火腿。密封保存。到铁烹近期,所用的贮存器有缸、瓶、罐、盆、碗及活竹等,密封材料则主要是纸、泥及箬叶等。腌渍保存。主要采用酱、盐、酒、醋等来腌渍食品的方法。到铁烹近期,人们保存食物的方法在继承前代技术与经验的基础上又有所发展:在食物中加入某些原料,利用原料间的相生作用,在不改变食物风味的情况下来贮存食物。如在这时期,人们已经掌握了萝卜存梨、绿豆存橘子的方法。

（五）铁烹近期的风味流派

由于经济、政治、地理、气候、物产、社会等诸多因素的差异,到铁烹近期,中国菜便基本形成了众多较为稳定的风味流派,历经元、明到清代,地方风味流派已基本形成稳定的格局,最具代表性的是鲁菜、川菜、淮扬菜、粤菜,经过不断的发展,终于成为地方特色最浓郁且最著名的四大菜系。此外,最具特色的还有宫廷风味、官府风味、清真风味及寺观风味。

（六）铁烹近期的饮食市场

铁烹近期,饮食市场也更加繁荣、兴盛,形成了饮食市场的新格局。明代开始产生了资本主义萌芽,农业、手工业和商业都有了很大的发展,一些主要城市饮食业非常发达。饮食市场上出现了许多专业化饮食行。如在成都,清末就有许多著名的专业化食品店及名食,扬州专业化饮食行也很多,其中最具特色的是各类茶肆。此外,综合性饮食店的也不断完善。这些不同种类、不同档次的饮食店构成了铁烹近期繁荣的饮食市场,对中国烹饪的发展起到了巨大的作用。

（七）铁烹近期的养生保健

中国历来讲究医食同源,铁烹近期,丘处机的《摄生消息论》、忽思慧的《饮膳正要》、冷谦的《修龄要旨》、王蔡传的《修真秘要》、高濂的《遵生八笺》、李时珍的《本草纲目》、曹庭栋的《老老恒言》等著作,都对此有进一步的论述。其中,李时珍的《本草纲目》更总结了历代的研究成果,在进一步论述通过摄取饮食五味以求得能动的阴阳平衡、维持人体正常生理状态的同时,又根据生理和病理的需要,明确地概括出饮食调和的六条原则,即五欲、五宜、五禁、五伤、五过、五走的饮食原则。在这些观点和原则的基础上,中国人更加注重对食物的营养和药性鉴别,讲究食物的配伍与禁忌,重视培养和保持良好的养生、卫生习惯,并研究、创制出大量的食疗方,以达到养生保健的目的。

（八）铁烹近期的烹饪理论

铁烹近期,中国烹饪理论已逐渐走向成熟,内容越来越丰富和完善,有关论著不断涌现,其中元代的《饮膳正要》、明代的《本草纲目》,可说是饮食养生保健理论的集大成者;而清代李渔的《闲情偶寄》,尤其是袁枚的《随园食单》,则又把中国烹饪技术理论推向一个高峰。

此外,铁烹近期的烹饪专著还有《调鼎集》、《饮食须知》、《筵款丰馐依样调鼎新录》、《浪跡丛谈》、《养小录》、《素食说略》等等,形成这一时期烹饪理论体系,其盛况前所未有。

(九)铁烹近期的国内外饮食文化交流

铁烹近期,由于蒙古族、汉族、满族轮番统治中国,京都迁移,以及与外国的交往日益增多,出现了中外饮食文化和各民族、各地区饮食文化大交流、大融合的局面,既丰富了中国饮食烹饪的内容,也扩大了其在世界烹饪中的影响。

1. 国内各民族、各地区的大交流

蒙古族建立元朝之后,拥有了较汉唐领土更加广阔的疆域。回族、女真族则由于社会地位的提高、人数增加和居住面积的扩大,其民族饮食也成为当时中国饮食的重要组成部分,从而使得各民族间的饮食进行了一次大规模的相互交流与融合,不仅出现了汉、蒙、回、女真各族菜肴载于同一食谱的现象,而且在菜肴的制法上也具有蒙汉融合的特色。元代《居家必用事类全集》就是一本载有汉族、蒙古族及回族、女真族食品的食谱,其中蒙古族的碗蒸羊灌肺等菜肴,无论在调味或烹制方法上都受到汉族烹饪的影响,具有了蒙汉融合的特质。

明朝由汉族建立,明成祖时将京都由南京迁到北京,当时从南方迁调了大量工匠北上,厨师也在其中,使得南方饮食风味大规模北移。以后随着漕运的发展和由江、浙、闽入京做官的人数增加,又有不少家厨入京,而与北京邻近的山东厨师也大量进京谋生,从而促进了南北地方饮食风味的大交流。

清代满族入主中原,满汉民族饮食有了一次大的交流与融合,其中最典型的则是满汉全席。康熙时大力强调"满汉一体",在宫中举办的各种宴席中已分设"满席"和"汉席"。到乾隆年间,官府中宴饮之风盛行,满汉官员间互相宴请,主人家常常制作宾客方惯用的菜肴,有时宾客中满汉族皆有,便在一席上同时上满菜与汉菜,渐渐地满汉菜点就有选择地会聚于一席,形成了满汉饮食精粹合璧的满汉全席。清代由于官吏的频繁调遣,加之康熙、乾隆二帝多次南巡,也推动了南北各地饮食烹饪的交流。清末的《成都通览》记载了当时成都已有的京苏、湖广菜肴,大大地扩展了川菜烹饪者的眼界。无知山人鹤云撰写的《食品佳味备览》,收录了当时全国各地的知名馔肴,成为一本地方饮食风味指南,有力地推动了各地的饮食交流。

2. 中外饮食文化的交流

蒙古族建立元朝后,不仅成为中国大地的统治者,而且出兵横征亚、欧大陆,使中国成为当时世界上最强大、最富庶的国家,其声誉远及欧亚非三洲,许多国家的使节、商人、旅行家、传教士等纷纷来往于中国,这极大地推动了中外饮食文化的交流,如南欧、西亚、中亚的"西天茶饭"和阿魏等香料东传中原,中国的面条远传意大利,并改进、发展成为欧洲著名的食品。

明代时,明成祖曾派郑和七次下西洋,郑和率船队游历了从太平洋到大西洋的37个国家,加之民间泛海经商或侨居他乡者日益增多,从而扩大了中外烹饪文化交流的范围。中国既从国外引进了番瓜、番茄、番薯、芒果,以及景泰蓝、回青窑器等餐具,也向国外输出了许多食物和瓷制餐具。据陈烈甫《菲律宾与中菲关系》载,明代的旅菲华侨将白菜、芥菜、豌豆、桃、李、梨、柚、柑橘、枇杷、甘蔗等食物原料带到菲律宾,丰富了当地的食物原料品种。而中国的瓷制餐具,在当时不仅畅销亚洲和非洲各国,而且开始远销欧洲。

清代从康熙到嘉庆的一百多年间,一直处于盛世,中国对外文化交流范围更广,饮食烹饪获得新的发展。鸦片战争以后,中国被迫开辟通商口岸,与国外的交往更为频繁,中外饮食文化的交流也遍及亚、非、欧、美及大洋洲。在中国,西餐及西餐馆相继出现在京城和通商口岸,据《清稗类钞》说,西餐"光绪朝,都会商埠已有之。至宣统时尤为盛行",对于面包、布丁,"国人亦能自制之,且有终年餐之而不粒食者"。与此同时,中国的馔肴及中餐馆也走出国门,落户他乡。同治年间,美洲已有华侨经营的中餐馆,如旧金山的远芳楼、杏香楼,波士顿的王阿秀茶铺;英国伦敦也有"满洲羊肉"出售。光绪年间,李鸿章出使美国,又使当地盛行起中式杂碎菜。仅美国纽约一埠,就有杂碎馆三四百家。中国瓷制餐具的外销在清代呈现最繁盛的局面,中国的瓷制餐具成了世界各地,尤其是欧洲人普遍喜爱的饮食器具,而其优质品还成为贵族间炫耀富有的手段,其地位极高,影响极大。

第五节 电气烹时期的中国烹饪发展

20世纪以来,电炉、微波炉、电磁灶、煤气灶、液化气灶等炊具的推广普及,使中国烹饪进入电气烹饪交替期。自70年代末改革开放以来,随着国家经济的发展,人民生活显著改善,广大群众的饮食由温饱型逐渐向营养型过渡,与此相应的烹饪业也得到快速的发展。以中国传统烹饪技术和烹饪艺术为基础的中国饮食文化,也开始向科学的、现代化的方向进步。

一、烹饪设备

自20世纪20年代中国引入电炉以来,逐渐出现电气灶具和机械化炊具,特别是改革开放以来,我国饮食机械工业长足发展,推出一系列新产品。在发制豆芽、磨制豆腐和熟制粉丝等方面,有豆芽发制机、豆腐生产线和自熟粮食加工多用机。自熟粮食加工多用机可将大米、玉米等加工成粉丝(条),靠原料摩擦造热成熟,不需另配蒸煮和电热设备,还附有恒温控制装置,使用安全,操作简便;在加热烹制方面,出现煤气灶、电磁感应灶、液化气灶、气电多用灶、电烤炉、电蒸炉、电炒锅、电饭锅、电粥锅、电煎锅、微波炉、远红外线烤炉、烤鸭炉等;在切配加工方面,出现粉碎机、磨浆机、搅拌机、切菜机、切肉机、绞肉机、拌馅机、削面机、切面机、轧面机、饺子机、包子机、馒头机、打蛋机、发酵机等;在洗涤消毒方面,出现洗米机、洗碗消毒机、洗菜机等。使许多饭店、宾馆、集体食堂乃至家庭,以先进的烹饪工具设备替代传统手工业式炊灶具和陈旧的厨房设备,初步实现了烹调现代化。

在世界范围内,厨房设备更新已经经过四代,第一代是土炉土灶;第二代是瓷砖灶台、煤气灶;第三代是不锈钢组合设备;第四代是用电脑程序控制的设备。西方国家许多大饭店乃至家庭的烹饪设备现已基本进入了电脑自动化控制时代,而我国绝大部分宾馆饭店已经在第三代的基础上向第四代进军,家庭厨房设备也是处于这样一个时代。在使用新技术方面,我国较西方国家落后一步,因而在发展中还需要不断的努力。

二、烹饪原料

人们对饮食生活的追求在不断提高,对食物原料的需求量也在不断增加。但是,20世纪以来,人们曾在一个时期内毁林造田、滥砍滥伐,使得许多野生动植物濒于灭绝,生态环境受到极大破坏,于是又不得不对野生动植物进行加倍保护,颁布各种保护条例,这样,许多珍稀的野生动植物虽然味美,却难以或不能再上餐桌。为了让更多的珍稀动植物烹饪原料重上餐桌,必须结合现代科学技术与先进的培育手段对它们进行研究、繁育。如今,人工培植成功的珍稀植物有猴头菇、银耳、竹荪、虫草及多种食用菌;被人们誉为"植物性食品顶峰"和"保健食品"的食用菌,品种增加的同时产量也显著提高,我国已成为全球食用菌的生产大国,其中蘑菇、香菇、草菇、银耳、木耳、猴头、茯苓的产量均居世界第一位。食用菌的开拓,不仅改善了我国人民的食物结构,提高了人们的营养水平,而且对防治癌症等疾病都有着重要意义。如猴头,又称刺猬菌、对脸蘑,因形似猴头而得名,野生者质量较好,尤其以黑龙江小兴安岭和河南伏牛山区出产的为佳,与海参、燕窝、熊掌并称中国四大名菜,曾被列为贡品,普通百姓难以问津。到20世纪60年代初,猴头人工栽培成功,如今不但可供国内普通百姓品尝,而且已远销美国、马来西亚、日本等国,深受人们称道。此外,人工饲养成功的珍稀动物有竹鼠、环颈雉、鲍鱼、牡蛎、刺参、湖蟹、对虾、鳜鱼、长吻鲍、鳗鲡、蝎子等。这些珍稀原料或许风味稍逊色但产量却大大地超过了野生的,能够满足更多食客的需求。近几年来,还开拓出沙棘、猕猴桃、刺梨、芦笋、魔芋等特种植物资源,对研制和开发营养保健食品也有明显效应。

在现阶段,由于对外开放,提倡优质高效农业,大搞"菜篮子工程"建设,从世界各国引进了许多优质的烹饪原料。如植物原料有朝鲜蓟、芦笋、西兰花、孢子甘蓝、凤尾菇、玉米笋、菊苣、樱桃番茄、奶油生菜、结球茴香等等;动物原料有牛蛙、珍珠鸡、肉鸽、石鸡、鸵鸟等。这些动植物原料经过科研人员的驯化和培植,在华夏大地上已经安家落户。

三、烹饪教育体系

20世纪初,中国烹饪教育还是"以师带徒"的形式。专业的学校教育起步在40年代末,仅有北京、上海、南京、成都、西安的个别大学的家政系开设过有关烹饪的课程,专门的烹饪学校教育是50年代才开始的。最早设置烹饪大专学历教育的应是原黑龙江商学院1959年开办的2年制、发大专文凭的成人"烹饪研修班"和"烹饪专修班"。烹饪的本科教育仍是原黑龙江商学院举办的"烹饪与营养"班。1985年,原商业部在成都成立了全国首所专一的烹饪高等专科学校——四川烹饪专科学校。1993年,扬州大学商学院开始设置"营养与烹饪教育"本科函授班,不久之后又设普通本科班。1997～1998年先后又有河北师范大学和武汉商业服务学院开办了该专业的本科教育。随后,全国各地的不少院校纷纷开办烹饪高等教育,随着烹饪教育的发展,餐饮界的文化技术素质得到基本改观。

与此同时,中国烹饪的教育、出版、研究事业也有了十分迅速的发展。1995年统计有近30所院校设置有相关专业,2001年粗略统计(含商业、农业、卫生、旅游、师范、综合、社会办学等类),这一数字已经超过50。为提高在职人员的各项素质,烹饪书籍的出版也迅速增加,各种理论研究、古籍注释、食经菜谱、食疗药膳以及为大专院校所用的烹饪教材相继大量出版;关于烹饪的刊物、报纸已有几十种,为广大烹饪工作者与爱好者定期传播知识与信息;烹饪研究所开始建立,研究工作逐步有计划地走向经常。1987年4月,中国烹饪协会成立,1990年又组建了中国烹饪协会的图书资料中心、菜肴检测中心,全国烹饪事业更加有组织地展开。

四、餐饮市场

20世纪20～40年代,全国大中城市的饮食市场有过一定的发展,但较缓慢,50～70年代,通过公私合营和整顿,以国营为主、合作为辅的餐饮业,主要发挥满足计划供应、稳定市场和安定人心的作用,"文革"时期,餐饮业的花色品种多被摈弃,所剩多为炒肉片、回锅肉、粉蒸肉一类单一型菜点。80年代以来,随着经济的起飞和旅游事业的发展,餐饮业出现极其兴旺发达的局面。改变了计划经济体制下国有企业一统天下的局面,逐渐向国营、集体、个体、中外合资和社会力量并举的市场经营型转变。据有关方面资料显示,截至1992年末,全国酒楼、餐馆的数量达到174万家,较1978年的11.7万家,增长15倍,从业人员达到近500万人,较1978年的104万人增长近5倍。出现了多元化、多样性、多功能的新格局。而90年代以后,我国餐饮业发展更加迅速,规模急剧扩大,其增长速度之快、持续时间之长是其他行业没有的,连续15年营业额的增幅均超过同期的社会消费品零售总额的增幅。1991～2005年餐饮业营业额年均增长

22.6%，比社会消费品零售总额年均增长快 7.6 个百分点，占社会消费品零售总额的比重由 1991 年的 5.2%，上升到 2005 年的 13.2%。强劲的饮食消费有力地拉动了经济增长，第一次全国经济普查资料显示，2004 年，我国餐饮业经营网点达 281 万家，从业人员 1128 万人。据测算，餐饮业每年至少新增岗位 160 万个。2005 年新批准的外资餐饮业投资项目为 1207 个，餐饮业实际利用外资额达到 5.6 亿美元。从市场规模上看，2005 年我国餐饮业市场已经达到 8886.8 亿元的规模，比 1978 年增长 161 倍。

随着现代生活节奏的加快，我国的方便食品和快餐店迅猛发展。现在方便食品和快餐已进入千家万户，既方便了群众，也改善了人们的营养结构。以个体经济为主体的夜市风味小吃和大排档蓬勃兴起。此外，饮食市场已由单一的中国餐饮垄断，向中外大交汇、中西大融合的多渠道竞争型转变。大型涉外宾馆，大都设有豪华的多功能厅，可举办大型宴会、酒会、冷餐会，并分别设有异国情调的法式、意式、俄式、韩式、日式餐厅和酒吧，可满足习惯外国生活的客人、旅游者的各种要求。中国加入世贸组织后，餐饮市场竞争加剧，麦当劳、肯德基、必胜客等洋快餐的进入又进一步促进了中式快餐品牌企业的发展，也对中国餐饮业的发展起了很好的推动作用。

在烹调技艺提高的基础上，中国的菜肴和面点小吃得到空前的发展，突出地反映在研制出一大批创新菜点。近年来出现的不同类型的宴会，也是菜点空前发展的特征之一。如陕西、四川、江苏、福建、安徽、湖北、广东和台湾等地先后开创的饺子宴、小吃宴、火锅宴、药膳宴、佛道宴、五行宴、全鹑宴、全鱼宴、鳝鱼宴、花卉宴、海鲜宴、八景宴、八仙宴、鲍鱼之夜、燕菜之夜等宴席中的菜点，不少都是创新或改进提高的，为中国菜点充实了新的内容。与此同时，又挖掘整理出一批已经失传和濒于失传的古代菜点和传统菜点，如北京的仿膳菜、西安的仿唐菜、开封和杭州的仿宋菜、沈阳的清宫菜、南京的随园菜、北京和江苏的红楼菜、山东和北京的孔府菜等，极大满足了餐饮市场的要求。

五、风味流派

20 世纪五六十年代，众多地方风味流派，由于种种原因，又有不同的发展变化，其中在国内外影响较大的为川、鲁、苏、粤菜，也就是人们习惯称之为的"四大地方风味"。除了川、鲁、苏、粤外，当时还有一些地方风味也颇具影响，如北京、上海、天津、浙江、福建、湖北、湖南、安徽、陕西、辽宁、河南等省市风味。

依据风味流派的成因和表现特征，中国目前已经形成了以地方风味流派为主体，兼有民族、宗教、仿古等多元化的烹饪风味流派体系。辐射面较广、影响较大的有京鲁、苏沪、巴蜀、岭南和秦陇；宗教以清真、寺观素菜风味享誉全国；少数民族以满族、维吾尔族、蒙古族比较突出，被挖掘的仿古菜中北京的仿膳菜、西安的仿唐菜、杭州的仿宋菜颇为有名。官府菜保留下来的有北京谭家菜和山东的孔府菜。它们均以其个性突出、特色鲜明的风格活跃在中国烹坛之上。

六、烹饪理论体系

(一)高等学府介入烹饪理论研究

中国烹调理论研究起步较晚,主要是20世纪80年代以后才开始的,首先是扬州大学、四川烹饪专科学校和西安等地先后建立了烹饪研究机构,设有专人从事饮食文化和烹调史、烹饪基本理论、烹饪科学技术、饮食风尚等方面的研究。其次是1980年创办的《中国烹饪》杂志和后来扬州大学创办的《中国烹饪研究》及四川烹饪专科学校的学报等,为社会上热心研究饮食、烹调的学者、专家提供发表论文的园地。在此基础上,中国烹饪协会和台湾省的中国饮食文化基金会,从1991年起先后在大陆和台湾省多次召开中国饮食文化学术研讨会,邀请国内外学者、教授、专家撰写发表有分量的学术论文多篇。与此同时,有关出版社还出版了全国各地的专家、学者多年来研究成果的专著。这些专著分别从不同侧面就中国饮食文化、烹调基本理论、烹调科学技术等进行较为详尽的论述,其中不少已被选为烹饪高等学校的教材,对建立中国饮食文化学和中国烹饪学学科体系发挥了重要作用。

(二)现代营养学科学推动烹饪理论研究

烹饪体系的建立离不开现代营养学指导。20世纪初期以来,在中国"医食同源"理论的基础上,运用国外科学研究成果,中国现代营养学开始创建。最早是1913年进行的膳食调查与食物营养成分分析。20世纪20年代开始在医学院的生物化学系、农学院的农业化学系及少数大学的家政系开设营养课程,使营养科学研究在中国逐渐开展起来。20世纪50年代初,一些重点医学院设立营养卫生教研室,并结合国家需要开展营养学研究,先后在粮食适宜碾磨度、食物营养成分及烹调对营养素的影响、各种人群的营养需要等方面均取得富有成效的研究成果。1978年以来,成立了中国营养学会,编制出版了《食物成分表》,开展了四次全国营养调查。

在烹饪营养方面,先是就公共食堂烹调方法对营养素的影响作了反复测定分析,接着,中国预防医学科学院营养与卫生食品研究所与北京国际饭店合作,对中国五大风味流派的240种菜品进行较全面的营养素含量的测定,从而为中国饮食文化理论殿堂的建立提供了科学的数据。近些年来,研制和开发营养保健食品形成一股热潮,一些营养保健食品陆续涌现。

中国的食疗养生学说在中医药基本理论的基础上,参照现代科学和营养学,不断充实和更新食疗内容,使之提高到一个新的水平。从20世纪30年代至今,在发掘、整理和编辑出版众多饮食疗法专著的基础上,广泛开展临床食疗工作和实验研究工作,在普及食疗知识、提高食疗效果等方面都有新的突破。许多中医研究和实验部门,已不满足于古验方的应用,大多从营养学、微量元素、生化反应、药理作用、内分泌影响、神经精神系统等方面,加以深入探讨研究,设计出新的食疗食品,并扩大其使用范围,初步做到了中西医相结合、现代营养学和食疗养生相结合。

七、中外饮食文化交流

随着中西方通商的频繁和经济、文化交流的加强,今天的中外饮食文化交流,较之历史上任何时期都更为活跃。主要反映在两个方面:

(一)借鉴吸收国外先进烹调技术和经营理念

20世纪20~40年代末,以上海为中心的一些大中城市先后引进西餐,经营法国菜、意大利菜、俄国菜和日本料理。80年代后,全国各地先后兴建许多中外合资饭店和餐馆,仅首都北京就有美国、新加坡、马来西亚、泰国、意大利、法国、日本、朝鲜、韩国等国家及我国香港、台湾地区开设了一百多家不同风味的餐厅。其中不少餐饮部门由国外或我国香港地区的公司和人员管理经营,又聘用了外籍烹饪技术人员,引进现代化管理和符合国际要求的菜点品种、服务。1987年11月12日,肯德基在中国的第一家餐厅在北京前门繁华地带正式开业。以此为起点,现代快餐的经营理念开始在中华大地上扎根。1990年麦当劳在深圳也开设了中国内地的第一家加盟店。

(二)走出国门不断扩大影响

随着华人足迹踏遍世界各地,中国餐馆也先后在世界各国出现。特别是近几十年,中国餐馆在国外像雨后春笋般急剧增长,据日本的资料,日本国的中国料理店在20世纪50年代初还为数不多,进入60年代以后,中餐业开始发展,许多酒店开设中餐厅,销售中华料理。伴随着日本经济腾飞,各大城市酒店及繁华街道都有了高级中国餐厅,各中小城市也纷纷开设中国餐厅和小吃店。到了80年代,也就是日本经济最盛期,中国饮食店发展也最快,每年以3000家的速度增长,到1992年末,日本的中餐厅和小吃店已接近6万家。美国和加拿大的中国餐馆数量也很大。它是随着中国移民的增加而发展起来的。此外,巴西、古巴、秘鲁、智利、墨西哥、巴拿马、澳大利亚、新西兰、埃及、乌干达、赞比亚、卢旺达、肯尼亚、苏丹、利比亚、瑞士、比利时、德国、西班牙、罗马尼亚、俄罗斯、乌克兰及亚洲的大部分国家,都有数量不等的中餐馆。正像有人说的那样,有华人的地方都有中餐馆,没有华人的地方也有中餐馆。

另外,自中国烹饪协会成立以来,有目的、有组织地与世界各国家之间的往来交流也异常活跃,曾多次组织中国烹饪代表团到国外参观考察和出席国际烹饪会议。近年来,协会先后接待了日本、加拿大、美国、比利时、俄罗斯、新加坡、土耳其等国家和地区的餐饮界人士来大陆参观考察和洽谈业务。分别同日本中国料理会、美国酒类与食品学会签订了长期友好合作协议和年度交流协议。所有这些对促进中国烹饪事业的发展,对世界各国吸收中国的饮食文化,增进我国同各国人民的了解和友谊,都起到了良好的作用。

思考与练习

1. 中国烹饪发展历史划分为哪几个阶段,为什么如此划分?
2. 陶烹时期,中国烹饪取得哪些重要成就?
3. 铜烹时期中国烹饪有哪些主要主要特点?
4. 铁烹时期不同阶段的发展特点有哪些?
5. 中国烹饪的电气烹时期的重要成就有哪些?

第三章

烹饪原料及其初加工

烹饪原料是在烹饪制作中所使用的一切可食的物质材料的总称。我国幅员辽阔,为各种动植物的繁衍生息提供了良好的自然环境,因而烹饪原料的来源十分广泛。悠久的饮食文化为烹饪原料的发展提供历史条件,并在此基础上形成了中国烹饪原料的了庞大的品种体系。形态品质各异、品种繁多的烹饪原料为讲求色、香、味、形的中国烹饪提供了丰富的物质基础,是中国烹饪不可缺少的部分。学习有关烹饪原料方面的知识,就是要认识、了解和掌握烹饪原料的性质、结构、形态特征、营养价值、食用价值、使用及贮存方法和品质鉴定等相关理论知识,在烹饪加工和烹饪操作中更加科学合理地使用原料。

第一节　烹饪原料的分类与特点

世界上可食的物质很多,但并不都可以作为烹饪原料。烹饪原料,必须具有营养价值、食用价值,符合一定的卫生标准。营养价值是指原料中所含的营养素的多少及其在人体内被消化、吸收、利用的程度。烹饪原料中营养素满足人体所需程度越大,其营养价值越高,其质量越好。食用价值是指烹饪原料的形状、口味、口感等感官性状方面的因素。原料感观性状越好,其食用价值也越高。烹饪原料的使用不得危害人体健康。

一、烹饪原料的分类

目前烹饪原料分类的方法很多。按原料的来源和属性,可分为动物性原料、植物性原料、加工原料和其他原料;按原料加工性质可分为鲜活原料、干货原料和复制品原料;按原料在菜肴制作过程中不同作用分,可分为主料、配料、调味料、佐助料;按原料在商品学中的类别分,可分为粮食、蔬菜、家畜肉及肉制品、家禽肉及禽制品、干货制品、水产品、野味、果品、调味品等。

二、各类烹饪原料介绍

烹饪原料根据原料的加工性质可划分为鲜活原料、干货原料和复制品原料。

这里分别加以绍。

(一)鲜活原料

鲜活原料是指经鉴别选择后未作任何加工处理的动植物烹饪原料,主要包括粮食类、蔬菜类、鲜果类、家畜类、家禽类、蛋乳类、水产类及野味等原料。

1. 粮食类

粮食是我国人民的主食,其中以稻米、小麦、玉米、番薯为主,其次是高粱、谷子、大豆等。作为烹饪原料的粮食,大多以粮食作物的种子为食用部分,少部分如番薯、马铃薯等除外。这里将它们分为两大类介绍,即谷物类和豆类。

粮食的品种虽然较多,但在日常生活中一般把它们归为两大类,即主粮类、杂粮类。主粮主要是指稻谷和小麦两大类的加工制品,主要有小麦粉、灿米、粳米、糯米等。杂粮主要包括玉米、高粱、小米、大麦、荞麦、大豆、红小豆、绿豆、黍子、青稞及红薯等十几种。杂粮通常作为主粮的补充,有些地区也被用来作为人们的主食。

2. 蔬菜类

蔬菜是植物性原料的重要组成部分,是指那些可被用来制作菜点的植物。我国地域辽阔,自然条件很适宜于蔬菜生长,因此,我国蔬菜的种植资源非常丰富,品种和产量都居于世界前列,以品种多、品种全、质量佳而闻名全世界。我国栽培的蔬菜约有 160 余种,其中栽培较普遍的约有几十种。按照蔬菜的可食部分可分为根菜类、茎菜类、叶菜类、花菜类、果菜类、野菜类、食用菌和藻类。

(1)根菜类。根菜类的蔬菜是以变态的肉质根为食用的蔬菜,它包括直根类和块根类两大部分。直根类食用的是其肥胖的主根,主要的品种有萝卜、胡萝卜、根用芥菜、芜菁等,块根类食用的是其肥硕的侧根,如山药、豆薯、葛根等。

(2)茎菜类。茎菜类是以肥大的茎部为食用的蔬菜。可分为地上茎与地下茎。地下块茎类食用的是其肥大的茎,如马铃薯、菊芋等。食用的地下的球茎类如芋头、慈姑等。食用地下根茎类如藕、姜等;地上茎如莴苣、茭白、榨菜、球茎甘蓝、竹笋、香椿芽、石刁柏等。

(3)叶菜类。叶菜类是以叶片和叶柄作为食用的一类蔬菜。常见的有大白菜、小白菜、菠菜、油菜、苋菜、雪里红、散叶莴苣、瓮菜、甘蓝、香菜、韭菜、芹菜等。

(4)花菜类。花菜类是以肥嫩的花枝作为食用的蔬菜。可分为两类,即花器菜和花枝菜。花器菜主要品种有金针菜、朝鲜蓟;花枝菜主要品种有花椰花、紫菜苔等。

(5)果菜类。果菜类是以植物的果实或种子作为食用的蔬菜。果菜类根据其果实特点可分为瓜果、茄果、荚果等。瓜果类主要的品种有黄瓜、南瓜、冬瓜、丝瓜等;茄果类主要品种有茄子、西红柿、辣椒等;荚果类如菜豆、豇豆、豌豆、蚕豆。

(6)野菜类。野菜为野生的可作为蔬菜食用的一些植物,在我国的烹饪中使用比较广泛。野菜在我国的品类繁多,据不完全统计可达 1000 余种,其中具有食用开发价值的多达 100 余种。因此,野菜是一个有待于开发的蔬菜门类。目前烹饪中运用的不过十几种,最常见的有荠菜、马齿菜、苦菜、蕨菜、蒌蒿、马兰头、枸杞头、落葵等。

(7)食用菌、藻类。这里说的菌、藻,是指那些可供人类食用的真菌和藻类蔬菜。食用菌的种类很多,世界上已知可食真菌约有 2000 多种,我国报道的食用菌在 500 种以上,其中常见的有口蘑、香菇、金针菇、草菇、平菇、黑木耳、银耳、猴头蘑、竹荪等。藻类原料常用的有海带、紫菜、发菜等。

3. 鲜果类

鲜果类在烹饪中主要包括水果与瓜果。我国是食用水果和栽培果树最早的国家之一,成书于 2000 多年前的《诗经》中,就已经对桃、李、梅、梨、枣、栗等十几种果品进行了记载。鲜果类具有水分充足,清香甘美,鲜美可口的特点,在烹饪中应用广泛,主要的品种有苹果、梨、橙、桃、柑橘、香蕉、山楂、菠萝、荔枝、龙眼、草莓、杏、猕猴桃等;瓜果类水果主要包括西瓜、甜瓜、哈密瓜、白兰瓜等。

4. 家畜类

家畜类原料很多,除其胴体外,还包括家畜的副产品。即所剩的头、尾、蹄、血液、内脏等。肉用家畜中,以猪、牛、羊的比重最大,是我国的主要肉用家畜。

(1)猪。在我国,猪肉是消费量最大的肉类,约占肉食品消费的 87%。猪肉肌纤维细而柔软,结缔组织较少,脂肪较其他家畜略多,由于肉中含有较多的肌间脂肪,经烹制后滋味较其他家畜更为鲜美。猪在我国饲养历史悠久,饲养地域相当广泛。其中著名品种有东北民猪、辽宁新金猪、浙江金华猪、四川荣昌猪、广东花猪等。

(2)牛。我国牛的种类较多,主要有黄牛、牦牛、水牛、奶牛等,此外还有从国外引进的肉用型牛。牛肉是我国重要的肉食品来源,占肉食消费的比例越来越大,牛的纤维比猪肉粗,脂肪含量较猪少。

(3)羊。羊分为绵羊和山羊。因羊的皮、毛有极大的经济价值,其品种类型主要有皮、毛、肉兼用型,或皮、乳、肉兼用型等。

5. 家禽类

家禽的主要品种包括鸡、鸭、鹅、鸽、鹌鹑、火鸡等。以鸡、鸭、鹅及其副产品为主要禽类原料,尤其是鸡,在我国应用最多。

(1)鸡。鸡的品种很多,但在烹饪中,一般是按其用途来分的,可分为肉用鸡、蛋用鸡、肉蛋兼用鸡及药用鸡等。我国著名的鸡有九斤黄鸡、狼山鸡、庄河鸡、白萧山鸡、芦花洛克鸡等。

(2)鸭。鸭的肉质比鸡肉粗,蛋白质的含量也不如鸡肉,但和畜肉相此,鸭肉的蛋白质率比鸡肉蛋白高。鸭在我国南方的产量比较大,鸭与鸡一样,也可分为肉用型、蛋用型及肉蛋兼用型。我国著名的鸭种有北京鸭、麻鸭、洋鸭等。

(3)鹅。鹅的饲养量比鸭的数量还少,其肉质较鸡肉要粗糙得多,因而鹅肉在国外不受欢,但鹅肝却是国际市场上供不应求的珍品。鹅肝呈姜黄色,质地细嫩,营养丰富,味道鲜美。近年来,对鹅肝的需求量日益增多。因而,许多国家又直接培育肥肝鹅来生产鹅肝。我国鹅的品种主要有广东狮头鹅、太湖鹅及中国鹅等。

6. 蛋、乳类

蛋和乳不仅是理想的烹饪原料,而且是烹调的佐助佳品。特别是蛋,在烹饪中的使用广泛,它既可作为主料,又多用作辅料,是烹饪中不可缺少的重要原料之一。

蛋的种类很多,有禽蛋,也有爬行类的动物蛋。烹饪中使用较多的是禽蛋。禽蛋所含蛋白质是完全蛋白质。禽蛋中以家禽蛋使用最多,烹饪原料中以鸡蛋应用最广,其次是鸭蛋、鹅蛋。近年来鹌鹑蛋、鸽蛋也随着饲养量的增加而广泛地运用于烹饪中。

(1)鸡蛋。鸡蛋营养丰富,滋味鲜美,有红色、淡红色、白色等颜色。其优质蛋白的含量比其他禽蛋要略高些,而且被人体吸收利用的比率最高,烹饪中使用也最广泛。它既可作为主料用于炒、煎、熘、炸等菜肴制作,又可更广泛地当作配料或佐助料使用,是菜肴上浆、挂糊不可缺少的原料之一。

(2)乳品。乳是哺乳类动物从乳腺中分泌出来的具有很高营养价值的天然食品。乳汁的营养平衡,生物效价很高,不仅具有丰富的营养素,而且还具有很多的生物活性物质,具有提高免疫、抗癌、安眠等作用。因此,乳制品在人们的饮食中占有重要的地位。乳的种类较多,但人类目前主要对部分畜、兽乳进行了开发利用,其中主要是牛乳,还有羊乳、马乳、鹿乳等。羊乳营养价值比牛乳高,但羊乳中低分子脂肪酸的含量高,具有较浓的膻味,马乳的风味最接近人乳,由于马乳中的乳糖含量高,可利用微生物发酵,故马乳酒为民族乳制品的著名产品之一。烹饪中牛乳的用途最广泛,最具有代表性。

7. 水产类

水产中,鱼是使用最多的原料。我国有着广阔的海洋渔场,气候类型多样,因此,海产鱼种丰富,常用的品种就多达五六十种。同时,我国还有广阔的淡水资源,适应各种淡水鱼类的繁殖生长。我国所产的淡水鱼多达600余种,在日常生活中常用的有二三十种,是烹饪中不可缺少的优质原料。

(1)海产鱼。我国海洋渔场广阔,渔业资源丰富。烹饪中经常使用的品种有大黄鱼、小黄鱼、鲈鱼、带鱼、加吉鱼、比目鱼、鲳鱼、鲐鱼、石斑鱼、梭鱼、银鱼、海鳗等。

(2)淡水鱼。我国淡水资源非常广阔丰富,为各种淡水鱼的繁殖和生长提供了良好的条件。我们常见的淡水鱼有鲤鱼、鲫鱼、鲢鱼、青鱼、草鱼、鲇鱼、鳜鱼、鳝鱼、鳙鱼、黑鱼、刀鱼、河鳗、鲮鱼等。

(3)其他类品种。水产品除了鱼类之外,还有虾、蟹、蛤、贝等,都是重要的烹饪原料。它们不仅味道鲜美,而且营养丰富,是制作名贵菜肴不可多得的原料。虾的主要品种有对虾、龙虾、白虾、青虾、毛虾等;蟹常见的有海蟹、河蟹等;蛤、贝又称为软体类,其主要品种有鲍鱼、海螺、田螺、蛤蜊、蛏、河蚌、乌贼、鱿鱼等。

8.野味

野味是指一切可食的野生兽类、鸟类、两栖类和爬行类动物,随着我国政府《野生动物保护条例》的颁布实施,规定了若干种动物必须加以保护。因此,野味原料的运用和捕获必须在不违反国家规定的情况下,有计划地猎获或者进行人工饲养,但习惯上仍称其为野味。野味原料在整个烹饪原料中所占的比重不大,但是它们各具风味,深受食者喜欢。

野味一般肌肉多、脂肪少,具有特殊鲜香味和一定的养生保健作用,优于家畜家禽。常见的大多是能够进行人工养殖的品种,主要有野兔、田鼠、鹿、狗、野鸡、榛鸡、野鸭、鸽、斑鸠、鹧鸪、牛蛙、蛇、甲鱼、蝎子、蝗虫、蚕蛹、蟑猴等。

(二)干货原料

干货原料包括植物性和动物性干制品两大类。

1.植物性干货原料

干菜可分为蔬菜干菜、笋类干菜、菌类干菜和藻类干菜四大类。蔬菜干菜主要有黄花菜、万年青、金针菜、百合等;笋类干菜是用嫩竹笋经过加工干制而成,主要有笋干和玉兰片等;菌类干菜主要品种有口蘑、冬菇、银耳、黑木耳、竹荪、鸡枞菌、羊肚菌、冬虫夏草、葛仙米等;藻类干菜主要有发菜和海带等。

2.动物性干货原料

陆生动物干货有驼掌、驼峰、鹿筋、牛鞭等。

水产干货是指经过干制的海产和淡水产制品。包括加工的鱼、虾、贝类、水产藻类和水产调味制品。水产干货既保持了原来食品的风味,又在加工过程中形成了新的特殊风味。同时制品能够有效地抑制微生物和酶的活性,久贮不易变质。烹饪中常用的加工品类有鱼翅、燕窝、海参、干鲍鱼、干贝、淡菜、蛏干、蚝豉、鱿鱼干、鱼肚、鱼唇、鱼骨、鱼皮、银鱼干、黄鱼鲞、鳗鱼鲞、虾米、对虾干、钳子米、干虾、虾皮、虾子、墨鱼干、乌鱼蛋、红鱼子、黑鱼子、海蜇等。

(三)复制品原料

复制品原料是指可食原料经过腌制、渍制、熏制、腊制、蜜汁等方法加工后的动、植物性制品。按所用原料的属性可分为以下几类:肉制品、蛋乳制品、豆制品、果蔬制品。

1.肉制品

肉加工制品是指用家畜肉及副产品加工的制品。肉类原料经加工成各种制品后不仅不易变质,同时形成了独特的风味,丰富了原料的种类。肉制品按其不同的加工方式,主要可分为腌腊制品、肉肠制品、脱水制品三大类。

(1)腌腊制品。中国烹饪中常用的有咸肉,如浙江咸肉、江苏咸肉、四川咸肉、上海咸肉等;腊肉,如广式腊肉、湖南腊肉和四川腊肉等;火腿,我国分为南腿、北腿、云腿。著名的有金华火腿、如皋火腿、安福火腿等;板鸭,著名的有南京板鸭、福建建瓯板鸭、湖南乾州板鸭、江西南安板鸭等,其中以南京板鸭最为有名。

(2)肉肠制品。肉肠制品不仅风味独特,而且可长期存放,食用方便。常见的品种有我国传统的香肠、香肚以及西式灌肠等。香肠类有哈尔滨正阳楼风干肠、广东香肠、四川香肠、江苏如皋香肠、湖南大香肠、浙江猪牛混合香肠等;香肚类较有名的有南京香肚、天津桃仁小肚、哈尔滨水晶肚等;灌肠的品种很多,可分为鲜灌肠、生熏灌肠、熟熏灌肠、风干灌肠、特殊灌肠等。我国出产较有名的灌肠有哈尔滨松江肠、天津火腿肠、北京蒜肠、北京香雪肠等。

(3)脱水制品。脱水制品是指用鲜肉脱去水分后而加工成的肉制品,有风味鲜香、水分少、体积小、重量轻、耐储存的特点。主要有肉松、肉干、肉脯三大类。我国著名的肉松制品有江苏太仓肉松、上海猪肉松、福州"鼎日有"肉松、广东汕头肉松和哈尔滨牛肉松等。著名的肉干制品有哈尔滨五香肉干、天津五香猪肉干、上海咖喱猪肉干、上海猪肉条、江苏靖江牛肉干等。肉脯著名的品种有江苏靖江猪肉脯、鞍山枫叶肉脯、浙江黄岩高梁肉脯、汕头猪肉脯、上海猪肉脯、湖南猪肉脯、四川达县灯影牛肉等。

2.蛋乳制品

蛋乳制品是蛋制品和乳制品的总称。这两类制品是烹饪原料中不可缺少的品类之一,对于部分菜点风味的形成具有重要作用。

蛋制品是指用新鲜蛋类经腌渍、干燥、冰冻及加入防腐剂等方法加工制成的成品或半成品。蛋制品按加工方法的不同可分为再制蛋类、冰蛋类、干蛋类、湿蛋类等四类。后三类是用鲜蛋去壳后经冰冻或干燥后制成的半成品,烹饪中使用不多。再制蛋类不仅便于储存,而且制品风味独特。再制蛋类主要有松花蛋、咸蛋、糟蛋三种。

乳制品是指以牛奶为原料进行发酵和加工的制品,主要有奶油、黄油、奶酪、酸奶等。

3.豆制品

大豆含优质蛋白质,同时大豆蛋白质中的白蛋白具有乳化、发泡、凝固等多种特性,利用这一特性可制作富有特色的各类豆制品。豆制品不仅丰富了菜肴品种,而且还是动物蛋白质的最好替代品。豆制品在加工过程中破坏了大豆的有害物质,除去了部分豆腥味和苦味,提高了大豆的消化率,提高了营养价值。

豆制品的品种众多,根据成品的特点可分为鲜制品和干制品两类。鲜制品是指大豆经加工后制成的含有较多水分的一类豆制品,主要有豆腐、冻豆腐、油豆腐、臭豆腐、豆腐干、千张等;干制品是指用大豆加工后制成的半成品,再经脱水干燥制取的一类豆制品,如腐皮、腐竹、豆粉等。

4.果蔬制品

果蔬制品是以水果和蔬菜为原料加工而成的制品。这些制品有的可直接食用,有些则需经烹调后才能食用,因而是重要的烹饪原料。果蔬制品由于在加工中采用了干制、蜜汁、腌渍、酱渍等方法,既改善了果蔬的风味,同时又能有效地抑制微生物的生长和繁殖,利于保存。

(1)水果制品。水果制品包括果脯、蜜饯及其他类制品。

①干果类如莲子、葵花子、西瓜子、干红枣、葡萄干、桂圆干等。干果不仅在宴席中具有重要的地位,同时还是制作菜肴、点心、小吃等不可缺少的原料。

②蜜饯是我国具有的民族特色的传统食品。它是利用高浓度糖液、香料等,将新鲜果实或果胚进行蒸煮、浸泡或腌渍而成。主要品种有苹果脯、梨脯、杏脯、桃脯、李脯、蜜脯、红果脯、山楂糕、山楂片、莲子、糖藕片、冬瓜条、糖橘饼、糖荸荠、糖天冬、蜜李片、话李、陈皮李、佛手梅、什香橄榄、大福果、玫瑰果、甘草芒果、蜜海棠、蜜红果、蜜橄榄、蜜洋桃、脆青梅等品种。

除蜜饯、干果外,还有利用各种新鲜瓜果和干果等原料制成的罐头类制品和饮品等。罐头类又分为清水和糖水两类,产品主要有樱桃、荸荠、苹果、梨、枇杷、桃、荔枝、橘子等。饮品主要有山楂汁、橙汁、苹果汁、荔枝汁、荸荠汁等。

(2)蔬菜制品。蔬菜制品包括腌菜、酱菜和干菜三大类,它对菜点的风味和丰富品种有着重要意义。

①腌渍类。包括蔬菜经食盐腌渍或用酱油或虾油腌制成的产品。并且包括经过部分脱水的咸菜、酱油腌菜及发酵性咸菜。盐腌制品有腌大头菜、腌雪里红、腌香椿芽、腌韭菜花、腌红椒等;酱油制品如什锦菜、北京辣菜、酱油苤蓝、甜辣丝等;虾油腌制品有虾油辣椒、虾油小菜、虾油小黄瓜、什锦小菜等;干菜制品如常州玫瑰大头菜、萧山萝卜干、广东梅干菜等;发酵性咸菜有四川榨菜、冬菜、酸白菜、四川泡菜、酸笋、咸酸菜等。

②酱菜类。是指将蔬菜先经过盐腌,然后酱制而成的一类产品。酱菜常用的酱是黄酱和甜酱,前者味较咸,后者味较甜。酱菜的品种众多,按地方特产可分为北京酱菜、河北保定酱菜、江苏扬州酱菜等;按口味分有咸味酱菜、咸甜味酱菜等;按原料来源又分为酱萝卜、酱瓜、酱苤蓝、酱生姜、酱八宝等。

(四)调味料

烹饪中使用的调味料的种类很多,但按其味型可分为咸味调味料、甜味调味料、酸味调味料、辣味调味料、鲜味调味料、苦香味调味料等。

1.咸味调味料

咸味调味料是由氯化钠为主要呈味物质及其他一些物质构成的一类调味料

的统称。主要有食盐、酱油、酱品、豆豉等。食盐主要品种有五香盐、花椒盐、胡椒盐、辣味盐、紫菜盐、汤料盐、酸味盐、洋葱味盐、芹菜味盐等;酱油是以大豆、小麦、麸皮、食盐和水等原料经发酵而成的液体调味品,酱油中含有水、盐、氨基酸、糖类、少量醋酸和各种香味的醇、酯、酚、醛等物质,香味的主要成分是四基硫,鲜味主要来源是所含的氨基酸,色泽主要是各种色素和焦糖;酱品是以大豆或麦面等经过蒸和微生物发酵,加盐、水制成的一种半流动状态的调味品,现代的酱品有大豆酱、面酱、蚕豆酱和各种风味酱四大类;豆豉是以黑大豆或黄大豆,蒸熟发酵后制成,色泽呈黄褐色或黑色,具有豆酱的特有鲜香,用为调味品,可使菜肴增鲜、生香、促进食欲,著名的有江西的丰城豆豉和家乡豆豉、湖南的浏阳豆豉和长沙豆豉、四川的潼川豆豉和永川豆豉、广东的大麻豆豉、广西的黄姚豆豉、山东临沂的八宝豆豉等。

2. 甜味调味料

甜味是以蔗糖等糖类为呈味物质的一类调味料的统称。甜味能提鲜、去腥、解腻、增加甜度、消除酸度,抵消苦味、中和咸味。常用的甜味剂有食糖,是由甜菜或甘蔗的糖汁制成,其主要品种有白糖(白砂糖、绵白糖)、红糖(赤砂糖)、冰糖、方糖等。饴糖,亦称麦芽糖、糖稀,是以米或淀粉、麦芽为原料,加工制成的浓稠状调味品。饴糖的品种有糯米饴糖、粳米饴糖、籼米饴糖、小米饴糖、大麦饴糖、玉米饴糖等。蜂蜜,是蜜蜂采集的花粉蜜经酿造加工而成的一种浓稠状透明或半透明的液体。由于蜜源的不同,其色泽、气味和成分均有差异,蜂蜜的结晶体以洁白色和浅琥珀色为佳,色深者次之。

3. 酸味调味料

天然食品的酸味通常是各种醋的混合物。食品中酸味的主要成分有醋酸、乳酸、柠檬酸、苹果酸等。酸味有较强的去腥解腻作用。呈酸味的调味品主要有醋、醋精、番茄酱、柠檬汁等。

4. 辣味调味料

辣味具有强烈的刺激性和独特的芳香。可除腥解腻,给菜肴上色、增香、压异味。同时能刺激食欲,帮助消化,促进血液循环,杀虫灭菌。辣味主要是由辣椒碱、椒脂碱、盖黄酮、盖辛素、蒜素等产生的。辣味的调味品有干辣椒、泡辣椒、辣椒粉、豆瓣辣酱、胡椒粉、芥末粉、咖喱粉等。

5. 鲜味调味料

鲜味的有效成分主要是各种胱胺、氨基酸、有机盐、羧酸等的混合物,它们分别存在于不同的调味品中,从而构成一类鲜味调味料,鲜味可增加菜肴的鲜美口味,能使一些本来淡而无味的原料增加鲜味。呈鲜味的调味料主要是味精、鸡精、蚝油、虾油、鱼露以及鲜汤等。

6. 苦、香味调味料

各种具有香气用于调味的一类原料,统称为香味调味料。由于许多香味调味料又具有苦味,所以将其列为一类,统称苦香味。苦香味调味料的作用主要是除去各种异味,给食品增香,促进食欲和杀菌消毒。

苦、香味调味料的种类繁多,有酒香类、芳香类、苦香类等。酒香类调味品主要有黄酒、葡萄酒、白酒、香糟、酒酿;芳香类调味品是一个品种繁多的群体,常用的就有十几种,如桂花(主要有蜜桂花、咸桂花和桂花香精)、蜜玫瑰、芝麻、八角、茴香、小茴香、桂皮、丁香、五香粉等;苦香类调味品是指那些既有苦味又有香气融为一体的调味品,常用于调味有肉豆蔻、草果、砂仁、陈皮、茶叶等。

(五)佐助料

佐助料是烹饪用料中的一个主要方面,它既不能充当主料,也不起陪衬原料的作用,但却是烹饪中不可缺少的部分,常用的主要有油脂、水、食品添加剂等。这里仅介绍烹饪中使用的油脂。油脂种类很多,大体上可以分为植物性油脂、动物性油脂和再制油脂等。

1. 植物性油脂

植物性油脂主要来源于植物的果肉及种子中,如菜油、豆油、麻油等是存在于种子中,而橄榄油、椰子油等则存在于果肉中。常用的植物油有豆油、菜油、花生油、棉籽油、米糠油、玉米油、葵花籽油、橄榄油、椰子油、麻油等。

2. 动物性油脂

烹饪中使用的动物性油脂主要是陆上动物油脂,常见的有猪油、牛油、羊油、鸭油、鸡油等,它们主要存在于动物的脂肪组织和内脏。

3. 再制油脂类

油脂的再制品是指油脂进行二次加工后所得到的制品。如奶油、黄油、五香油、葱椒油、辣油等。

三、现代烹饪原料的特点

(一)积淀深厚,创新包容

我们的祖先在几千年的社会进程中,为中国烹饪原料打下了牢固而深厚的基础,使中国烹饪原料呈不断增加、持续发展之势,从而形成今天的庞大体系。中国文化的包容,使千百种域外原料为我所用,成为中国烹饪原料的组成部分,从而丰富了中国烹饪原料的品种。现代生物技术、基因技术开发培育了大量优良新品种,为中国烹饪创新发展开辟了新路。在此基础上形成了中国烹饪原料的特色,使中国烹饪在世界烹饪中独树一帜。

(二)构成庞杂,种类奇罕

中国现代烹饪原料的总数,据初步的统计,总数约在1万种以上,常用的达

3000种左右。中国烹饪原料涵盖植物、动物、菌类，矿物、人工合成物，许多奇异之物成为美食佳肴是中国烹饪原料的一大特色，如龙虱、禾虫、蝎子、毒蛇、蚯蚓、豆蚕、蚁卵、土笋等等，这些原料在世界其他烹饪中是罕见的。

（三）加工再制，特产丰富

中国烹饪善于将天然原料进行加工再制，形成别具特色新原料，如火腿、腊肉、风鸡、板鸭、驼峰、熊掌、狸鼻、鱼翅、鱼肚、粉丝、皮蛋、榨菜、干菜、豆芽、豆腐、酱、醋、辣油等等。而且由于历史的继承、地域的不同和工艺的区别，出现了数以千计的不同品种，如豆腐，就有老豆腐、嫩豆腐、鲜豆腐、冻豆腐、豆腐乳、臭豆腐等等，加上地域南北东西之别，总数不下百种。在这些经过再加工而成的品种中，名优的特产十分丰富，如浙江金华火腿、云南宣威火腿、广东无皮腊花肉、湖南带骨腊肉、湖北风干鸡、南京板鸭、山东松花蛋、西沙鱼翅、广东鱼肚、东北狸鼻、青海驼峰、吉林长白山蛤士蟆油、北京粉丝、四川榨菜等等。

（四）物尽其用，综合利用

中国烹饪原料讲求对原料的充分利用。因而，其他国家视为废弃物或不可食的部分也可以作为美食佳肴的原料，如上举驼峰、狸鼻外，还有猪、牛、羊等畜兽的心、肝、肠、胃、肺、肾、食管、筋、髓、头、蹄、皮、尾、耳、舌、血等等。青鱼肠、肝可制成烧汤卷、烧秃肺，鸭肠涮锅别有风味；鱼翅取自鲨鱼鳍，鱼肚取自鱼鳔，龙肠取自鱼肠，驼蹄、熊掌为驼、熊之足，这些都是席上珍品。

（五）药食同源，以食养生

中国自古有"药食同源"之说，所以作为食物所用的烹饪原料，很多可归入药中用以治病健身；而作为治病的药，很多又可作为烹饪原料。孟诜的《食疗本草》在这方面也有较大的贡献。他在每味食物药品下，除注明药性外，还根据情况将服食方法及益害加以说明，使人们明白此味食物的利弊及服食方法对人体的影响，为提高食物疗效提供了理论依据。咎殷的《食医心鉴》、陈士良的《食性本草》和陈藏器的《本草拾遗》等，均提出了一些对食疗的见解，在促进我国食疗学说系统化方面起了很大的作用。孙思邈认为，一般食物都有补益之功，补益得力，则却病延年，精力充沛。一般的人都需适当地进补，而对体弱或大病初愈者尤需补益。忽思慧的《饮膳正要》、李时珍的《本草纲目》，都收载了大量的食疗方，大多具有较强的食疗、食养作用。这也是中国烹饪原料的一大特色。

第二节　烹饪原料鉴定与选择

烹饪原料鉴定是指依据一定的标准，运用一定的方法，对烹饪原料的特点、品种、性质等方面进行判断或检测，从而确定烹饪原料的优劣，保证正确地选择和利用优质烹饪原料。

一、烹饪原料的鉴定

(一)鉴定的目的及意义

烹饪原料的鉴定对选用合理的原料具有重要意义,具体可概括为以下几个方面。

1.提供合理营养物质

烹饪原料是烹调加工的物质基础,烹饪原料品质的好坏对菜肴的质量有决定性的影响。高质量的菜肴必须以优质的原料为基础,能够提供饮食者以必需的营养素,具有一定的养生与维护健康的作用。

2.提供风味基础

烹调前对烹饪原料的品质进行鉴定,可以正确地选择原料,以发挥食品的各种基本的如色、香、味、形等感官特性。

3.保障使用的安全

烹饪原料的好坏与人的健康甚至生命安全有着密切的关系。而烹饪原料在使用过程中可能会产生微生物污染、化学污染及辐射污染。通过对原料的鉴定可以达到保障饮食者使用安全的目的。

(二)烹饪原料的鉴定方法

1.烹饪原料的鉴定方法的种类

烹饪原料的鉴定方法主要有三种:感官鉴定、理化鉴定、生物鉴定。

(1)感官鉴定。所谓感官鉴定就是凭借人体自身的感觉器官,对食品的质量状况作出客观的评价,也就是通过用眼睛看、鼻子嗅、耳朵听、口品尝和用手触摸等方式,对食品的色、香、味、形进行综合性的鉴定和评价。

(2)理化鉴定。理化鉴定是指利用仪器设备和化学试剂对原料的品质好坏进行判断。此鉴定方法可分析原料的营养成分、风味成分、有害成分等,鉴定结果比较精确,能具体而深刻地分析原料的成分和性质,作出原料品质和新鲜度的科学结论。如:猪肉中是否含有"瘦肉精"(学名:盐酸克伦特罗);水发烹饪原料鱿鱼、黄管、牛肚、蹄筋、鸭掌是否用福尔马林(学名:甲醛水溶液)浸泡过;白砂糖、粉丝、腐竹是否添加了"吊白块"(学名:甲醛次硫酸氢钠);甲鱼是否用激素(乙烯雌酚)饲养;蔬菜是否有残留农药等。

(3)毒理学实验。主要是测定原料中有无毒性成分,常用小动物进行毒理实验。

2.烹饪原料感官鉴定的方法

感官鉴定方法直观、简便,不需要借助特殊仪器设备、专用的检验场所和专业人员,有时甚至能够察觉理化检验方法所无法鉴别的某些细微变化,在烹饪原料鉴别中是必需使用的方法。感官鉴定的方法和内容及鉴定的实例如表3-1所示。

表 3 – 1　食物原料感官鉴定表

鉴定方法	鉴定内容	判断原料的品质	鉴定实例
视觉检验	原料的形态、色泽、清洁程度等	判断原料的新鲜程度、成熟度及是否有不良改变	新鲜的蔬菜茎叶挺直、脆嫩、饱满、光滑、整齐
嗅觉检验	鉴别原料的气味	判断原料是否腐败变质	核桃仁变质产生哈喇味,西瓜变质带有馊味
味觉检验	检验原料的滋味	判断原料的好坏,尤其对调味品和水果	新鲜柑橘柔嫩多汁、受冻变质的柑橘绵软浮水,口味苦涩
听觉检验	鉴别原料的振动声音	判断原料内部结构及品质有无改变	手摇鸡蛋的声音;检验西瓜的成熟度
触觉检验	检验原料的重量、弹性、硬度等	判断原料的质量	根据鱼体肌肉的硬度和弹性,可以判断鱼是否新鲜

下面以畜肉类、禽肉类、水产类、蔬果类、调辅料五类原料为例,各举一例说明原料的感官鉴别方法。

(1)畜肉类

新鲜肉的感官鉴别主要从外观、气味、弹性、脂肪和煮沸后的肉汤五个方面对肉进行综合性的感官评价和鉴别。以猪肉为例鉴别方法如表 3 – 2 所示。

表 3 – 2　猪肉感官鉴定表

鉴定内容	新鲜度	感官形状
外　观	新鲜肉	外表有微干或微湿润的外膜,呈淡红色,有光泽,切断面稍湿、不粘手,肉汁透明
	次鲜肉	外表有微干或微湿润的外膜,呈暗灰色无光泽,切断面比新鲜肉暗,有黏性,肉汁浑浊
	变质肉	表面外膜极度干燥或沾手,呈灰色或淡绿色,发黏并有霉变现象,切断面也呈暗灰色或淡绿色,很黏,肉汁严重浑浊。
气　味	新鲜肉	具有鲜猪肉正常的气味
	次鲜肉	在肉的表面能嗅到轻微的氨味、酸味或酸霉味,但在肉的深层却没有这些味
	变质肉	腐败变质的肉,不论在肉的表面还是深层均有腐败气味
弹　性	新鲜肉	质地紧密富有弹性,用手指按压凹陷后立即复原
	次鲜肉	肉质比新鲜肉柔软,弹性小,用指头按压凹陷不能马上复原
	变质肉	组织失去原有的弹性,用指头按压的凹陷不能恢复,有时会将肉刺穿
脂　肪	新鲜肉	呈白色,有光泽,有时呈肌肉红色,柔软富有弹性
	次鲜肉	呈灰色,无光泽,黏手,有时略带油脂酸败味和哈喇味
	变质肉	表面污秽、有黏液,常霉变呈淡绿色,脂肪组织很软,具有油脂酸败气味

续表

鉴定内容	新鲜度	感官形状
煮沸后的肉汤	新鲜肉	肉汤透明、芳香,汤表面聚集大量油滴,气味和滋味鲜美
	次鲜肉	肉汤浑浊,表面油滴少,没有鲜香滋味,略带油脂酸败和霉变气味
	变质肉	肉汤极浑浊,汤内漂浮絮状的烂肉片,表面几乎无油滴,具有浓厚的油脂酸败或腐败臭味

（2）禽肉类

主要从眼球、色泽、气味、黏度、弹性和煮沸后的肉汤五个方面来鉴别,与新鲜畜肉的鉴别大致类似。鉴别方法如表3－3所示。

表3－3　禽肉感官鉴定表

鉴定内容	类别	感官形状
放血切口	健禽肉	切口不整齐,放血良好,切口周围组织有被血液浸润现象,呈鲜红色
	死禽肉	切口平整,放血不良,切口周围组织无被血液浸润现象,呈暗红色
皮肤	健禽肉	色泽微红,具有光泽,皮肤微干而紧缩
	死禽肉	呈暗红色或微青紫色,有死斑,无光泽
脂肪	健禽肉	呈白色或淡黄色
	死禽肉	呈暗红色,血管中淤存有暗紫色血液
胸肌鸡腿	健禽肉	切面光泽,肌肉呈淡红色,有光泽、弹性好
	死禽肉	切面呈暗红或暗灰色,光泽较差或无光泽,手按在肌肉上有少量暗红色血液渗出

（3）水产类

主要通过体表形态、鲜活程度、色泽、气味、肉质的弹性和洁净程度等感官指标进行综合评定。这里以海参为例,介绍水产类原料鉴别的方法。见表3－4。

表3－4　海参感官鉴定表

海参类别	感官性状
良质海参	体大,整齐均匀,干度足（水分在22%以下）,水发量大;形体完整,肉刺齐全无缺损;开口端正,膛内无余肠和泥沙;有新鲜光泽
次质海参	均匀整齐,干度足（水分在22%以下）;参肉稍薄,个别有化皮现象,肉刺稍有损伤;膛内余肠、泥沙均存留较少
劣质海参	个头不整齐,参肉瘦,有化皮现象

(4)蔬果类。①果品的感官鉴别。果品的感官质量鉴别方法主要是目测、鼻嗅和口尝。目测包括：果品的成熟度，色泽，形态特征，果形，大小均匀度，表面清洁度，有无虫害、机械损伤等；鼻嗅包括：特有的芳香气味，是否有哈喇味和馊味等；口尝包括：滋味，质地等。②蔬菜感官鉴别。一般可以从蔬菜的色泽、气味、滋味、形态等方面，尤其是蔫萎、枯塌、损伤、病变、虫害侵蚀等方面鉴别。

(5)调辅料

调辅料的感官鉴定指标主要包括色泽、气味、滋味和外观形态鉴定。其中气味和滋味尤为重要。调味品在品质上稍有变化，就可通过气味和滋味表现出来。

二、烹饪原料的选择

烹饪原料的选择即选料，是指烹饪工作者在对烹饪原料进行初步鉴定的基础上，为使其更加符合食用和烹调要求，对原料的种类、品种、部位、卫生状况等多方面的综合挑选的过程。

(一)烹饪原料的鉴别与选择的关系

烹调工艺中首道工序就是选择原料，原料的选择是否合理，不仅影响菜品的色、香、味、形，还影响到人体的身体健康。合理选择原料的前提是能否识别原料、鉴别原料。

(二)烹饪原料选择的方法

烹饪原料的选择首先是确定原料能否作为烹饪的材料。其次是选择什么加工烹调方法，即制作什么菜肴才能发挥原料的优点，或者说，根据菜肴的要求，选择什么原料才能保证菜肴的质量。

1．断定能否作为烹饪原料

根据可食性，将原料分成两类：可食原料和不可食原料。所有的动植物原料必须同时具备以下四个条件，才能列入烹饪原料，即保证食用的安全性。不是农药、各种添加剂超标的原料；不是假冒伪劣原料；不是法律法规保护的野生动植物原料；必须具有营养和食用价值。

2．依据菜肴的要求选择烹饪原料

按照菜肴要求选择原料首先要求根据原料种类、产季、部位、产地等选择优质烹饪原料。

第三节　原料的初加工

原料的初加工在烹饪中主要包括鲜货原料和干货原料的初加工过程。初加工的目的一是清除不符合食用要求的部位或对人体有害的成分，二是有利于进一步烹饪加工。

一、鲜活原料的初加工

鲜活原料的初加工是指经鉴别选择后的未作任何加工处理的动植物烹饪原料,主要包括植物原料、畜类原料、禽类原料、水产及其他原料。

(一)植物原料的初步加工方法

1.植物原料的初步加工方法

植物原料种类丰富,用途较广,既可做主料又可做辅料,加工方法简单。见表3－5。

表3－5　植物原料初加工

类别	品种	初加工方法
叶菜类蔬菜	青菜、水芹、豆苗、草头、韭菜等	一般采用摘和切的方法,先摘去老帮老叶、黄叶、烂叶,切去老根,然后洗净
茎菜类	莴苣、菜台、藕、姜、慈姑、洋葱、竹笋等	主要用刮、剜、切的方法,先将外皮筋膜等刮去,切去多余部分,再剜去腐败、有害的部位,洗净即可
根菜类蔬菜	白萝卜、胡萝卜、山药、番薯等	一般采用刮和切的方法。先用刮刀去老皮和根须,洗净即可
果菜类	丝瓜、南瓜、冬瓜、辣椒、毛豆、扁豆、黄豆芽、绿豆芽等	瓜果类一般要用手掰掉尖部,顺势撕去老筋,洗净即可。茄果类一般要去蒂,部分瓜果蔬菜需要去皮,然后洗净
花菜类	花椰菜、青花菜、黄花菜等	刮去锈斑,去掉老叶、老茎,洗净即可
食用菌类	鲜蘑菇、鲜平菇、香菇、黑木耳等	摘去明显的杂质,剪去老根,用水洗去泥沙,漂去杂质即可

2.植物原料的保鲜原则

加工后的植物原料要注意保色和保鲜。原料去皮后,含有的单宁与氧结合发生褐变而使原料变色,应迅速烹调。原料去皮后,用水浸泡的方法保存,既可保色,也可保鲜,浸泡时间不宜长,否则营养流失较多。

(二)畜肉原料的初加工

1.畜肉的修整及洗涤

畜肉的修整是为了去除畜肉上能使微生物繁殖的任何损伤、淤血、污秽物等,再用清水冲洗,使外观清爽整洁。此外,还包括对副产品原料又称下水或杂碎的整理与洗涤,主要包括头、尾、蹄、内脏、血液、公畜生殖器等。可以根据不同副产品的特点分别采取适宜的措施。如肾脏整理与洗涤,首先是撕去外表膜然后片成两半,去掉髓质(腰臊)最后洗净;胃(肚)的整理与清洗要去掉污秽杂质,用盐醋搓洗、里外翻洗等方法使里外黏液脱离,修去内壁的脂肪,用水洗净。

2. 畜肉的分割与剔骨处理

畜肉的分割与剔骨处理的主要目的是使原料符合后续加工的需求,多方位体现原料的品质特点,扩大原料在烹调加工中的使用范围,调整或缩短原料的成熟时间,便于提高菜肴的质量,利于人的咀嚼与消化,满足不同人群对菜肴的多种需求。这里以牛的取料部位与用途为例说明畜肉的分割与剔骨。

牛的部位分档与各部位的名称随地区的不同而有差别,尤其是中、西餐对牛的分割与称谓差异较大。而商品名称大多来自于食品加工业,相对比较规范,因此,烹饪中使用的牛肉名称应参照商品名称做规范化的调整。牛的分割各部分与用途见表3－6。

表 3－6　牛的取料部位和用途

部位与名称		特点	用途
前肢部分	颈肉	瘦肉多,脂肪少,纤维文理纵横,质量较差,属三级牛肉	宜于煮、酱、卤、炖、烧等,更宜于做馅
	短脑	位于颈脖上方	用途同颈肉
	上脑	位于脊背的前部,靠近后脑,与短脑相连。其肉质肥嫩,属一级牛肉	宜加工成片丝粒等,用于爆、炒、熘、烤、煎等
	前腿	位于短脑、上脑的下部,属三级牛肉,剔除筋膜后可做一级牛肉使用	宜于红烧、煨、煮、卤、酱及制馅等
	胸肉	位于前腿中间,肉质坚实,肥瘦间杂,属二级牛肉	宜于加工成块片等,适于红烧、滑炒等
躯干部分	肋条	位于胸口肉后上方。肥瘦间杂,结缔组织丰富,属三级牛肉	宜于加工成块条等,适于红烧、红焖、煨汤、清炖等
	腹脯	在肋条后下方,属三级牛肉,但筋膜多于肋条,韧性大	最宜于烧、炖、焖等
	外脊	位于上脑后,米龙前的条状肉,为一级牛肉。其肉质松而嫩,肌纤维长	宜加工成丝片条等,适于炒、熘、煎、扒、爆等
	里脊	即牛柳,质最嫩,属一级牛肉,也有将其列为特级牛肉的	宜于煎、炸、扒、炒等
	榔头肉	肉质嫩,属一级牛肉	宜于切丝、片、丁,适于炒、烹、煎、烤、爆等

部位与名称		特点	用途
后肢部分	底板	属二级牛肉,若剔除筋膜,取较嫩部位可作为一级牛肉使用	用法与榔头肉相同
	米龙	相当于猪臀尖肉,属二级牛肉,肉质嫩,表面有脂肪	用法与榔头肉相同
	黄瓜肉	与底板和仔盖肉相连,其肉质与榔头肉相同	用法与榔头肉相同
	仔盖	位于后腱子上面,与黄瓜肉相连,属一级牛肉。其肉质嫩,肌纤维长	宜于切丝、片、丁、块,适于炒、煎、烤、熘、炸等
	腱子肉	后腱子肉较嫩,属于二级牛肉	宜于卤、酱、拌、煮,是制作冷菜的好材料
副产品	牛头	皮多、骨多、筋多、肉少、脂肪少,以脸颊肉为最嫩	宜于卤、酱、白煮,制作冷菜
	牛尾蹄	结缔组织多,骨多	宜于煨、煮、炖、烩、烧
	内脏	牛肝、牛心、牛肺、牛肚、牛腰等	适于多种烹调方法

(三)禽类原料的初加工

禽类原料包括家禽和野禽。家禽指鸡、鸭、鹅;野禽指山鸡、野鸭、鹌鹑、斑鸠、鸽子等。

1.禽类原料的分档取料

分档取料的禽类原料主要是鸡。鸡的主要肌肉有鸡脯肉、大腿肉、鸡腹肉、小腿肉。鸡的各部位用途不同。鸡脯肉质细嫩,宜于加工片、丝等各种形状,适于炒、熘、煎、爆、氽等多种烹调方法;鸡腿肉质较厚、较老,加工成丁、块,不宜切片、丝或制泥,适于炒、爆、熘、烧、煮、卤等;鸡翅,宜于煮、酱、卤、炸、烧、炖等;鸡头、鸡颈、鸡架、鸡爪,宜于酱、卤、煮等;鸡肝、心、肫,宜于卤、酱、炒、爆等。

2.禽类原料的整料去骨

以整鸡去骨为例。整鸡划开颈皮,斩断颈骨。在鸡颈和两肩相交处,沿着颈骨划一条长约6厘米的刀口,从刀口处翻开颈皮,拉出颈骨,用刀在靠近鸡头处,将颈骨斩断,须注意不能碰破颈皮,然后分别去前翅骨、去躯干骨、出大腿骨,翻转鸡肉。

整禽去骨的目的就是在腹腔内填入馅心,加热成熟后,十分饱满、美观。

(四)水产品原料的初加工

水产品的种类很多,有鱼类、虾蟹类、软体贝类等,随品种的不同,加工方法也有不同。

1.鱼类原料的初加工

此加工过程首先是褪鳞,但特殊鱼的鱼鳞,如新鲜的鲥鱼,鳞片中含有较多脂肪,烹调时可以改善鱼肉的嫩度和滋味,应保留。其次是去鳃,鱼鳃是微生物最多的地方,应予以去除。第三是开膛,去内脏的方法有:腹出法,常用于红烧鱼、松鼠鱼等;脊出法,常用于荷包鲫鱼;鳃出法,常用于叉烧鳜鱼、八宝鳜鱼等。第四是内脏清理,其中鱼鳔富含蛋白质,鮰鱼鳔、黄鱼鳔更是上品,加工时应剖开洗净。鱼腹腔壁内附着一层黑色薄膜,腥味较重,应刮洗干净。

2. 鱼的分割与剔骨加工

(1)鱼的分割部位及应用。鱼头:以胸鳍为界限割下,其骨多肉少、肉质细嫩,皮层含丰富的胶原蛋白,适合红烧、煮汤等。躯干:去掉头、尾即为躯干,中段可分为脊背和肚档两部分。脊背的特点是骨粗肉多,肉的质地适中,鱼菜的变化主要来自于脊背肉,制作方法多样。肚档是鱼中段靠近腹部的部位,肉厚皮薄,脂肪丰富,肉质肥美,适合烧、蒸等。鱼尾:俗称划水,以尾鳍为界限割下。皮厚筋多,肉质肥美,尾鳍富含胶原蛋白,适合红烧,也适合与鱼头一起做菜。

(2)整鱼出骨。整鱼出骨指将鱼体中的主要骨骼去除,而保持完整外形的一种出骨技法。如八宝刀鱼、三鲜脱骨鱼等。适合整鱼出骨的原料有鳜鱼、黄鱼、黄姑鱼、石斑鱼、鲤鱼、鲈鱼和刀鱼等。反出骨的整料,一般选用活鱼较好。

3. 其他水产品的加工

(1)虾的初步加工。剪去额剑、触角、步足、沙肠等。龙虾的虾卵应保留,烘干后可制成虾子,是鲜美的调味料。出肉时多用挤和剥的方法。

(2)蟹的加工。清水中静养,吐出泥沙,然后用软毛刷刷净表面的泥沙,最后挑起腹脐,挤出粪便,用清水洗净即可,加热前用线绳将蟹足捆扎,防止蟹足脱落。螃蟹骨缝较多,生出肉达不到目的,必须采用熟出法。

(3)软体动物的加工。软体动物包括鲍鱼、蜗牛、田螺、河蚌、蛏子、蛤蜊、乌贼、鱿鱼和章鱼等。其中鲜活鲍鱼是一种高档材料,加工是关键环节较复杂,具体步骤如下。①宰杀。用小型刀具贴在鲍鱼的壳内,轻轻地来回拉动,使其壳肉分离,除去内脏,保证鲍鱼的形状。②浸泡。鲍鱼肉的外面有一层黑膜,应先将鲍鱼放入加有小苏打的清水中浸泡约 6 小时,再进行刷洗。水与小苏打的比例一般为 60:1。③刷洗。用毛刷将黑膜轻轻刷掉,放入清水中浸泡 12 小时去碱味。④定型。鲍鱼放入冷水中逐渐加热,不能放入沸水中,否则表皮开裂影响质量。⑤煲制。定型后的鲍鱼肉应放到特制高汤中,以文火煲 8～10 小时,鲍鱼汤可作调味用。

二、干制原料的涨发和加工制品的处理

善用干制原料制作菜肴是中国烹饪的一大特色,干料涨发技术是这一特色得以完美体现的前提条件。历代厨师为我们积累了许多宝贵的实践经验,有利于我们准确把握干料的涨发机理,从而得心应手地涨发干制原料。

(一)烹饪干制原料的目的

干制品是指新鲜原料经过干制后的原料。原料干制的目的主要是为了在不破坏原料固有本质特性的前提下,防止原料腐败变质,从而能在室温条件下长期保存、运输、携带。同时,原料通过干制可以改变原料本来的性质,如存放一年以上的干鲍鱼色泽较深,如存放得当,鲍鱼味会更浓。

(二)干制原料的特点与复水性

1.干制原料的特点

不同的烹饪原料干制加工过程也不完全相同,对干制品的复水性及风味有较大影响。不同的干制方法得到的干货原料特点也不相同。水产干制品按加工处理的方法可分为以下三类。

(1)直接干制的生干品。如鱿鱼、墨鱼、鱼肚、海参等原料,体形小、肉薄、易干燥,可不经盐渍或熟处理而直接干制。由于原料组织的成分、结构和性质变化较小,故复水性较好,另外原料组织中的水溶性物质流失少,能保持原料品种的良好风味。

(2)熟制后再干制的熟干品。如牡蛎干、鲍鱼、蛏干、虾皮、鱼干等干料。新鲜原料经煮后(即可加 5% ~ 10% 的盐水煮,也可先盐渍后再水煮)进行干燥,这样有利于原料在煮熟时脱水,并使制品具有好的味道和颜色。熟干制方法的优点是品质较好,储存时间长,食用方便。不足之处在于经水煮后,一部分水溶性物质流失到煮汁中,易影响干品的风味和生成率。此外原料中的蛋白质凝固和组织收缩,干燥后制品的复水性差,组织坚韧,不耐咀嚼,外观也不好看。

(3)盐渍后再进行干燥的盐干品。如盐干带鱼、黄鳝等。盐干特别适合与大中型鱼类和在来不及处理或因天气条件无法及时干燥的情况下使用。

2.原料干制的方法

原料干制的方法包括自然干燥、人工脱水两大类。具体有晒干、风干、烘干、空气对流干制、冻干制、真空干制、热空气干制等方法。这些干制方法都具有干、硬、老、韧的特点。

3.复水性

干制原料复水后恢复原来新鲜状态的程度是衡量干制品的重要指标。干制品的复原性指干制品重新吸收水分后重量、大小、形状、质地、颜色、风味、成分,以及其他各方面恢复原来新鲜状态的程度。简单说就是干料吸水,恢复到新鲜时的细嫩、滑爽的程度。复水的基本类型有吸水、膨润和膨化后吸水。复水性受原料加工、干燥方法等多方面的影响,因此,复水后不会完全恢复到原先的模样,这是因为干燥过程中发生了一些不可逆的变化所致。它降低了干制原料的吸水能力,达不到原来的水平,同时也改变了烹饪原料的质地、品质。

(三)常见干制原料的种类

常见干制原料分为动物性和植物性干制品。植物性干制品有干竹笋、食用菌类、金针菜、百合、海带等;动物性原料有鱼翅、鱼肚、鱼皮、鱼唇、鱼骨、鲍鱼、鱿鱼等。陆生动物干制品有驼掌、驼峰、鹿筋、牛鞭等。

(四)干制原料的涨发方法

干制原料涨发就是对原料进行复水处理或膨化加工,使其重新吸水后易于烹饪加工,进而烹制成美味菜肴。此过程简称"发料"。由于干制品种繁多、产地、品质各不相同,不同原料的组织结构特点是选择涨发方法的依据。根据干料涨发成品的特点,可将这些方法归纳为水渗透涨发和热膨胀涨发两类。

1. 水渗透涨发

水渗透涨发是通过改变干制原料的周围环境(如温度、酸碱度),使之最大限度地吸收水分,这是涨发所有干制原料的方法,然而有些高蛋白质的干制原料用水渗透涨发时间长,涨发效果差,有时采用热膨胀涨发法。

2. 热膨胀涨发方法

将干制的原料在高温或高温加压的环境中进行加热,使干料所含的结合水汽化,促使原料结构膨化成多孔状态,然后再让干制原料复水,成为可以加工烹调的原料。

(五)水渗透涨发工艺

1. 原理

将干料放入水中,干料就能吸水膨胀,质地变得柔软、细嫩,从而达到烹调加工及食用要求。水渗透法根据涨发对象的不同采用 pH 值不同的溶液。其共同的原理是:渗透作用、亲水性物质的吸附作用、毛细管的吸附作用。

2. 影响水渗透涨发工艺的因素

原料的组织结构特点是选择涨发方法的依据,但组织结构不易改变,而环境因素是变量,通过环境因素的改变可以影响原料的组织结构,从而利于干料涨发。

(1)干料的性质与结构。经过高温处理的干制品,蛋白质变性严重,淀粉也严重老化,这类干制品复水性差,复水速度也慢。蛋白质仅部分变性,淀粉不老化的原料具有良好的复水性。干制品结构紧密,水分传递就极为困难。干制品结构疏松,水分向内扩散比较容易。

(2)溶液温度。在冷水中不易涨发,而升高温度就能促进原料吸水涨发。

(3)涨发时间。水发时间越长,干制品水分的增量就越大,复水率就越高。水发时间的长短与复水率、复水速度、水温等因素相关。

(4)体积与水发。体积大小不等的同一干料在相同条件下涨发,体积大的比体积小的难以发透。

(5)溶液的酸碱度与水发。蛋白质在碱性或低浓度电解质存在的环境中,蛋白质的水化作用增强,表现为吸水性增强,这就是蛋白质的干料为什么采用碱发比较容易的原因。

(6)碱发原料。碱具有腐蚀性,可使原料表面及内部受到腐蚀,使其致密度降低,而有利于吸水作用的充分发挥。有些海鱼在体表形成一层具有防水耐腐蚀性能的油性薄膜,干制后更明显。这层薄膜在涨发时会阻碍水分的渗透,加入碱性物质后,使这层油膜被腐蚀而失去阻碍作用,使干料得以顺利涨发。适合碱发干货原料都含有大量的胶原蛋白。碱发原料含水量较低。

3．水渗透涨发工艺操作关键

(1)依据原料的性质及其吸水能力,控制涨发的水温。用冷水能发好的,则尽量用冷水发,因冷水发可缓解高温所引起的物理变化和化学变化,如香气的散失、呈味物质的溶出和颜色的变化等。

(2)干制原料的预发加工不可忽视。为提高干料的复水率,保证出品质量,必须为干料扫除吸水障碍,如浸洗、烧烤、修整等。

(3)凡是不适用煮发、焖发或煮、焖后仍不能发透的干料,可采用蒸发。如一些体积小、易碎的或具有鲜味的干制原料。

(4)视原料而定时。原料在水中煮沸的时间如果过长,由于热和水向原料的传递量表层大于内层,容易造成外层皮开肉烂而内部却仍未发透现象。焖发可避免这种现象。

(5)碱水发主要适用于一些热水难以发透,肉质不易回软,质地特别坚硬的干料,如鱿鱼、墨鱼等。

(6)在不同类型的涨发过程中,都要适时对原料进行整理。如鱼翅去沙等。

(7)由于干料的性质相差很大,一次发不透的可选用多次涨发。

4．水渗透涨发工艺实例

(1)鱼翅的涨发

鱼翅涨发的主要步骤包括沸水煮焖、去沙。冷水浸发后去翅骨,去骨后,以流动清水浸漂,半成品保持在 0～5℃待用。表 3－7 中列出了不同鱼翅的特点和煮焖时间。

表 3－7　鱼翅的涨发

品种	来源	特点	煮焖时间
天九翅	鲸鲨的鳍	皮肉嫩不耐火翅针爆开后,翅沙会藏于肉膜中,影响品质	煮5分钟便可熄火焖(背鳍)
群翅	犁头鳐的鳍	翅身厚,翅针粗壮,肉膜薄	煮20分钟便可熄火焖2小时
黄胶翅	大型鲨鱼	胶质重,翅针粗,肉膜较厚	煮1小时再浸冷水
珍珠群翅	小型鲨鱼	沙粒黄而粗,翅身不大,翅针粗,肉膜不太厚	煮30～40分钟再熄火焖
油翅	小型鲨鱼	鱼翅体小沙薄,翅针质嫩而肉膜少,易散而不成形	用40℃左右的温水浸发即可

涨发鱼翅时要注意:第一,浸发鱼翅时,要视鱼翅的厚度、老嫩、耐火程度控制煮焖的时间。第二,鱼翅边缘薄嫩,又有极细的沙粒,发制时易糜烂并将细沙卷进翅肉内部,所以发制前要剪去翅边。第三,煮焖鱼翅时不能使用铁锅和铜锅。因鱼翅中含硫的蛋白质遇铁、铜发生化学反应,使鱼翅表面出现黑色、黄色斑点,影响成品质量。第四,浸泡时要勤换水,以免因水臭导致鱼翅变质。

(2)鱿鱼、墨鱼的碱发

①用火碱溶液涨发。5公斤水,加入火碱(氢氧化钠)17克,当碱水温度在20～30℃时,将回软的鱿鱼放入碱液中浸泡4～6小时,当鱿鱼增厚一倍、有透明感、指甲能捏动时即可。涨发好后放入清水中备用。

②用熟碱水涨法。9公斤开水加入350克碱面(碳酸钠)和200克石灰和均匀,将原料投入,涨发透,用清水浸泡。特点:原料不黏滑,色泽透明,产出率高,涨发速度优于生碱水涨发。

③生碱水涨发。10公斤冷水(冬季温水)加入500克的碱面调匀,溶化成5%的生碱溶液,将回软鱿鱼放入涨发透后,用清水浸泡备用。特点:涨发后原料滑腻。

④碱面涨发。鱿鱼用水浸泡回软,进行初加工后,再切成3厘米见方的块或剞上花刀再切成3厘米的块,放入陶瓷盆内,加碱面(500克鱿鱼、50克碱面)和清水,上压一个盘子,浸6小时,冲入开水,用筷子搅匀,焖1小时,鱿鱼初步涨发后,倒去1/3的碱水,再冲入开水焖制,反复几次,待鱿鱼质软嫩、色乳白、呈半透明状时取出,用清水反复冲洗碱味。

碱发时要注意,火碱溶液的腐蚀和脱脂性非常好,操作时注意安全,防止烧手。碱发的关键是碱液的浓度、温度、涨发时间和操作方法。

5.油水交替涨发蹄筋(水油发)

①低温焐油。蹄筋入油锅焐制,待油温上升(保持在110℃),焐30分钟,原料表面不能有气泡。

②小火水煮。放入开水锅中,加盖,用微火焖煮20～40分钟,使蹄筋软化、体积膨胀、增大、有弹性时捞出。

③碱液浸泡。将50℃热水3公斤注入保温的容器中,加入食碱75克搅匀,浸泡6～8小时,无硬心时捞出。

④冷水漂洗。

(六)热膨胀涨发工艺原理及实例

1.热膨胀涨发工艺原理

热膨胀涨发就是采用各种手段和方法,使原料的组织膨胀松化成孔洞结构,然后使其复水,从而成为利于烹饪加工的半成品。其中油发干料的组成多是富含动物胶原蛋白多聚物。胶原蛋白加热到60℃时可以急剧收缩至原来正常长度的1/3～1/4。由于干料是热的不良导体,要使热量传递到干料的中心,使中心的结合水变成游离态的水,往往较困难。实践中常通过低温焐制的方法来调节热量的传递。

2.影响热膨胀涨发工艺的因素

热膨胀涨发主要是高温条件下结合水变成自由水,然后汽化膨胀所致。但结合水要顺利变成自由水,往往受一些因素影响,这与原料本身的结合水含量、形体结构、介质温度、化学成分及这些成分在不同的介质环境下发生的变化有关。

(1)结合水含量。就原料而言,一般含结合水的干料皆可用于膨化处理(如大米、小麦、鱼肚、蹄筋等)。结合水越多,汽化速度越快,原料组织弹性、伸展性就越好,形成的气室就越大,原料就越膨胀。

(2)膨化介质的温度。温度是关键因素,只有当温度升到一定程度时,积累的能量大于氢键键能,才能破坏氢键,使结合水脱离组织结构,变成自由水。油介质的温度控制是影响涨发质量的重要因素。

(3)原料的形状体积。体积越小,传热越快,氢键断裂就越快,形成的自由水越多,产生的气体越多,原料就越膨胀。

(4)膨化介质的种类。膨化介质的种类有油脂、盐粒、沙粒、干热的空气或高压热空气,它们只起导热作用,可以传递给干料合适的温度。通过对比各种传热介质的膨发方法及成品特点,可得出如下结论:高温条件下,干热空气涨发效果最佳。

3.热膨胀涨发工艺实例

(1)鱼肚的油发。

①低油温焐制阶段。鱼肚随冷油下锅,当油温升至110℃时,保持这一温度30分钟,捞出鱼肚,经过焐油的鱼肚体积缩小,呈有半透明状,冷却后更加坚硬。

②高油温膨化阶段。油温升至180～210℃左右,分批投入焐油的鱼肚,此时一定要用勺将原料浸入油内,保证鱼肚充分与油接触,均匀受热膨化,确保涨发完全。涨发3分钟左右,在油锅内气泡减少,"叭叭"声停止,体积明显增大时捞出鱼肚,色泽呈淡黄色,孔洞均匀即可。

③复水阶段。鱼肚冷却后放入冷水中,进行复水,使原料的孔洞充满水分,处于回软状态备用。

(2)鱼皮的盐发。将干制鱼皮置于加热的大量的盐中,形成物料组织的孔洞结构、体积增大、再复水。

盐发的过程分为三个阶段。一是低温盐焐制阶段;二是高温盐的膨化阶段;三是复水阶段。

①低温盐焐制阶段。取大量的食盐加热炒制(盐量是物料的5倍),达100℃时,将鱼皮埋入盐中,保持这一温度40分钟,至鱼皮重量轻、干燥时取出。

②高温盐的膨化阶段。鱼皮不用取出锅,继续炒,待盐的温度达180～200℃时,迅速翻炒鱼皮,直至发透,体积增大,色泽呈黄色,孔洞均匀时取出。

③复水阶段。鱼皮放入冷水中进行复水,使原料吸水回软,待用。

油发时应注意温度、时间的控制,盐发干料前检查有无虫蛀、灰尘、杂质,以免污染油质。

思考与练习

1. 烹饪原料有哪些分类方法?

2. 烹饪原料的特点是什么?

3. 烹饪原料鉴别是指什么? 其鉴别的目的和意义是什么?

4. 烹饪原料常用的鉴别方法有哪些? 各有哪些特点?

5. 如何进行烹饪原料的选择?

6. 畜肉原料的初加工应注意些什么?

7. 干制原料有哪些涨发方法? 各自特点是什么?

8. 如何将水渗透涨发工艺的影响因素应用到实践中去? 举例说明。

9. 怎样涨发名贵干货原料(包括鱼翅、燕窝、鲍鱼、海参)?

第四章

中国烹饪的基本工艺

中国烹饪基本工艺是在继承中国烹饪传统的基础上,不断发展、进步和创新而形成的。它既包括传统的手工工艺,又包括现代机械工艺。本章以介绍手工工艺为主,其中原料的选择与初加工已在原料一章介绍,这里将介绍后面的原材料配组、调制、制熟和成型出品的一系列过程。

第一节　中餐烹饪的工艺流程与基本功

一、烹饪工艺流程

烹饪工艺流程就是烹制菜肴的全部操作过程。一般包括原料的选择、初加工、切配、烹调、装盘等一系列过程。按照菜肴制作方法和成菜形式的不同,烹调工艺流程可分为热菜工艺流程(见图4-1)、冷菜工艺流程(见图4-2)、面点工艺流程(见图4-3)。

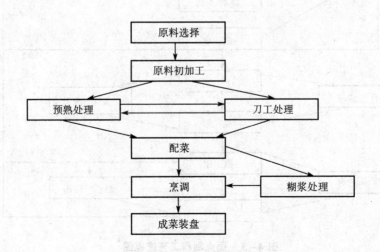

图 4-1　热菜工艺流程图

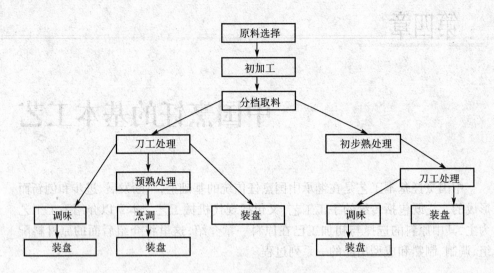

图 4 - 2　冷菜工艺流程图

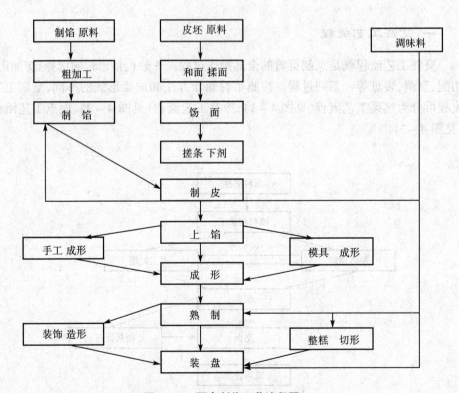

图 4 - 3　面点制作工艺流程图

二、烹饪基本功

(一)菜肴烹饪基本功

菜肴烹饪基本功指在制作菜肴的过程中,需要熟练掌握的各项基本操作技能。主要有以下几方面。

1.选料精当

应掌握各种烹饪原料的性能、特点,并根据制作菜肴的实际要求来选择原料。

2.投料准确适时

应掌握菜肴的主料、配料、调料、汤水的投放比例和先后顺序。

3.挂糊、上浆、勾芡均匀适度

应根据不同菜肴掌握浆、糊、芡的薄厚和浓度,注意包裹是否均匀。

4.刀工、勺工熟练

应根据制作菜肴的具体要求来正确使用各种刀法和勺法,做到刀法娴熟,翻勺自如。

5.正确调节火候,掌握油温

应能鉴别火力的大小和油温的高低,以便制作各种不同类型的菜肴。

6.出锅及时,装盘熟练

保证菜肴的质量符合标准,菜肴成形美观。

(二)面点基本功

面点工艺制作的操作过程比较复杂,成形前的基本操作较多,主要包括和面、揉面、搓条、下剂、制皮、上馅6个方面,这6个方面是面点操作的基本功,必须熟练掌握。

1.和面

和面是面点制作的基础,是面点制作的关键,和面时要根据不同品种的要求掌握好面团吸水量,要和匀,不夹粉粒,而且要干净,要达到"三光"(面光、手光、案光)。

2.揉面

揉面是保证成品质量和操作成型的关键。揉面的手法可分为捣、揉、摔、揣、擦、叠等6种。

3.搓条

搓条是将揉好的面团搓成长条的一种技法,是面点操作成形的关键。搓条时双手用力要均匀,搓好的条要粗细均匀。

4.下剂

下剂是指将搓条后的面团分割成大小均匀的坯子,下剂的好坏将直接影响制品的下一个操作过程和成品的成形。下剂在操作上有揪剂、挖剂、拉剂、切剂、剁剂等手法。

5. 制皮

面点制作中的许多品种都需要制皮以便包馅和成形。制皮是面点制作基本功比较重要的一项,制皮的好坏直接决定上馅和面点成品的质量。制皮可分为擀皮、按皮、拍皮、捏皮、摊皮、压皮等方法。

6. 上馅

上馅是指将各种调好的馅心,用制好的皮子包裹起来,并制成一定形状的成形方法。上馅是制作包馅面点品种重要的一道工序,上馅的好坏直接影响成品的质量。上馅的方法有包馅法、拢馅法、夹馅法、卷馅法、滚沾法、酿馅法等。应根据不同面食品种的要求,掌握不同的上馅方法,保证成品质量。

第二节 刀工刀法

一、刀工工艺概述

刀工就是根据烹调与食用的需要,将各种原料加工成一定形状,使之成为组配菜肴所需要的基本形状的操作技术。

(一)刀工的目的和意义

刀工是菜肴制作的重要环节,它决定着菜肴的外形;使原料便于加热、调味,并能提高质感;创造出更新的菜肴品种;便于食用,可促进人体的消化吸收。

(二)刀工工具的种类

1. 中国厨刀

扬州厨刀、片刀、桑刀、文武刀、骨刀、批刀、斩刀等。品牌刀如"双狮"刀、"张小泉"刀、广东阳江刀具等。

2. 专用刀具

整鱼出骨刀;烤鸭刀;烤肉切刀;鳗鱼刀;生鱼片切刀;冷冻切刀;奶酪刀;年糕切刀等。

(三)砧板的选用

1. 砧板的种类

砧板又称菜墩,按材料可分为木制砧板和塑料砧板。行业中多用木制砧板。木制砧板的材料有:橄榄木、银杏木、楠木、柳木、榆木、椴木、杨木、铁木等。

2. 砧板的选择

砧板的材料要求木质坚实、木纹紧密、弹性好、不损刀刃、树皮完整、不结疤、树心不空不烂。此外还要求颜色均匀,没有花斑。

优质的砧板应具备以下条件:

(1)抗菌效果好。银杏木和紫椴木有较好的抗菌性。

(2)防凹能力强。银杏木、榆木、柳木坚固而有韧性,既不伤刀又不易断裂,经久耐用,防凹能力强。

(3)能抗裂减震。

(四)刀工的基本原则

原料的形状要适应烹调方法的需要,刀工应根据原料的质地灵活下刀;原料形状应做到整齐均匀,大小、厚薄、粗细、长短应均匀一致;合理加工、清洁卫生、保存营养。

二、刀法种类及适用范围

刀法指对原料切割的具体运刀方法。根据刀刃与原料的接触角度不同,可分为平刀法、斜刀法、直刀法三种。

(一)平刀法

平刀法指刀刃运行与原料保持水平的所有刀法。通过刀工运用使成形原料平滑、扁薄。根据用力方向不同又分为:平批、推批、拉批、锯批、波浪批和旋料批。具体运刀方法及加工对象见表4-1。

表4-1　平刀法

刀法种类	运刀方法	加工对象
平直批	刀刃与砧板垂直批进原料	易碎的软嫩原料,如豆腐、豆腐干、鸡鸭血
平推批	批料时运用向外的推力,从刀尖入刃向刀腰移动,批断原料	脆嫩性蔬菜,如生姜、茭白、竹笋、榨菜
平拉批	批料时运用向里的拉力,原料从刀腰进刃向刀尖部移动断离	韧性稍强的动物性原料,如鸡脯、腰子、猪肝、瘦肉等
锯批	即数次推拉批的结合	韧性较强或块体较大的原料
波浪批	又叫抖刀批。刀刃进料后作上下波浪形移动	软性原料,如皮蛋、白(黄)蛋糕、豆腐干的批片
旋料批	对柱体原料的批片,批料时一边进刃一边将原料在砧板上滚动,可以批成较长的片	圆柱形植物原料

(二)斜刀法

斜刀法指刀刃运行与原料保持一定角度的加工方法。依据运刀时刀身与砧板的角度不同可分为正斜刀与反斜刀两种。具体运刀方法及加工对象见表4-2。

表4-2 斜刀法

刀法种类	运刀方法	加工对象
正斜刀法(即正斜批、斜拉批)	右侧角度40~50度,运用拉力,左手按料,刀走下侧	软嫩原料,如鸡脯、腰片、鱼肉
反斜刀法(即反斜批、斜推批)	右侧角度约130~140度,运用推力,左手按料,刀身倾斜抵住左手指节	适合脆性而黏滑的原料,如熟牛肉、葱段等

(三)直刀法

直刀法是刀法中比较复杂的,也是最重要的一类刀法。依据用力程度可分为切、剁、砍三类。具体运刀方法及加工对象见表4-3。

表4-3 直刀法

刀法种类		运刀方法	加工对象
切法	直切	用力垂直向下,切断原料,不移动原料的是直切,连续快速切断原料是跳切	加工脆嫩性植物原料,如萝卜、土豆
	推切	运用推力切料的方法,刀刃向下、向前运行,推切要求一推到底。	加工薄嫩原料,如里脊、鱼肉
	拉切	运用拉力切料,刀刃向后运行,要求一推到底,用力稍大	加工韧性原料,如肉类
	锯切	是数次推拉切的结合,要求以柔软的韧劲入料,加强摩擦强度,减弱直接压力,切至2/3时再直切下去	加工酥烂、松散易碎的原料,如面包、熟火腿
	铡切	左手按住刀背前部,刀刃垂直起落或刀刃前后交替起落或刀刃前部不动,中后部起落铡切	加工薄壳、颗粒原料,如螃蟹、花椒、花生
	滚料切	左手滚动原料,切出的块叫滚料块	加工球形或柱形原料,如萝卜、土豆
	翻刀切	运用推力或拉力切料,切断原料后,顺势将刀在砧板上翻一下,使粘在刀面上的原料落在砧板上	加工片、丝、粒等形状的肉类原料
剁法(劈、砍)	砧剁	左手按料,用右手小臂的力量将刀扬起,垂直剁下,应一刀断料,防止产生碎骨	加工带骨和厚皮的原料,如排骨、鱼段
	直砍	将刀高举,猛砍原料,左手应远离原料,注意安全	带骨的硬性原料,如鱼头、排骨
	排剁	两手各持一把刀,由右至左反复有规律的连续剁	加工肉泥、菜泥
	跟刀剁	将刀刃镶嵌在原料中,刀与原料同时起落,将原料批开	加工圆而滑的原料,如鱼头
	拍刀剁	刀刃放在原料上,用左手掌根用力拍刀背,截断原料	加工带骨鸡、鸭等
排法	刀跟排	用刀跟部刃口,在原料表面排剁,使原料骨断、筋断,深度不宜超过1/2	加工腱膜较多的块肉和用于扒、炖的禽类原料
	刀背排(捶)	用刀背对原料排敲,使肉松嫩,有利于肉泥的黏接	用于牛排加工

(四)原料的质地与刀法的运用

烹饪原料的质地一般有脆性、嫩性、韧性、硬性、软性等,厨师应根据不同的质地,选择不同的刀法,才能加工出整齐、均匀的形状。

1. 脆性原料

脆性原料有青菜、大白菜、胡萝卜、竹笋等。适用的刀法有直切、排斩、平刀片、反刀片、滚料切等。

2. 嫩性原料

嫩性原料有豆腐、凉粉、蛋白糕等。适用的刀法有直切、平刀片、抖刀片等。

3. 韧性原料

韧性原料有牛肉、鸡肉、腰子、牛肚、鱿鱼等。适用的刀法有拉切、排斩、拉刀片等。

4. 硬性原料

硬性原料有咸鱼、咸肉、火腿、冰冻肉等。适用的刀法有锯切、直刀批、跟刀批等。

5. 软性原料

软性原料有豆腐干、素鸡、百叶、火腿肠、熟肉、白煮鸡等。适用的刀法有推切、锯切、滚料切、推刀片等。

6. 带骨和带壳的原料

适用的刀法有铡刀切、排刀切、直刀批、跟刀批等。

7. 松散性原料

松散性原料有面包、面筋、熟羊肚等,适用锯切、排斩、排刀切等。

三、剞花刀工艺

(一)剞花刀法的原料选择

剞花是指在原料的表面切割成某种图案条纹,使之受热收缩或卷曲成花形的加工。剞花的目的是缩短成熟时间,使热穿透均衡,达到原料内外成熟、老嫩一致的目的。

采用剞花刀法的原料一般选择:整形的鱼、方块的肉、畜类的胃、肾、心,禽类的肫,鱿鱼,鲍鱼等,植物性原料有豆腐干、黄瓜、莴笋等。

适合剞花刀的原料必须具备的特点为:原料较厚,不利于热的均衡穿透,或过于光滑不利于裹汁,或有异味不便于在短时间内散发的;原料具有一定面积的平面结构,以利于剞花的实施和刀纹的伸展;原料应不易松散、破碎,并有一定的弹力,具有可受热收缩或卷曲变形的性能,可突出剞花刀纹的美观。

(二)剞花的基本刀法

在剞花的过程中,大多是对平、直、斜刀法的综合运用,故有人称为混合刀法。

剞花的基本刀法有直剞、斜剞、混合剞等。

1.直剞

直剞是运用直刀法在原料表面切割具有一定深度刀纹的刀法,适用于较厚原料。

2.斜剞

斜剞是运用斜刀法在原料表面切割具有一定深度刀纹的刀法,适用于稍薄的原料。又有正斜剞和反斜剞之分。

3.混合剞

混合剞通常分为三类:(1)斜刀法与直刀法混合使用,如麦穗花刀、鱼鳃花刀。(2)直刀法与直刀法混合使用,如荔枝花刀、两面莲花刀。(3)斜刀法与斜刀法混合使用,如松子花刀。

(三)剞花刀法

1.常用花刀的剞法

菊花形花刀、麦穗形花刀、荔枝形花刀、松果形花刀、麻花形花刀、鱼鳃(佛手、眉毛、梳子)形花刀、灯笼形花刀、竹节形花刀、鱼翅(玉翅)形花刀、锯齿(鸡冠、蜈蚣丝)形花刀、卷筒形花刀、绣球形花刀、兰花(渔网)形花刀、蓑衣形花刀、葡萄形花刀、螺旋形花刀、刀字(回字、棋格)形花刀、蜈蚣形花刀、金鱼形花刀、吞刀形花刀。

2.整鱼花刀剞法

直一字花刀、斜一字花刀、柳(秋)叶花刀(箭尾)、十字花刀、多十字花刀、月牙花刀、兰草花刀、蚌纹花刀、人字(小字)花刀、波浪(散线)花刀、菱格花刀、牡丹(瓦楞)花刀、鳞毛(松鼠鱼)花刀、狮子花刀。

(四)剞花工艺的注意事项

首先,根据原料的质地和形状,灵活运用剞刀法。其次,花刀的角度与原料的厚薄和花纹的要求相一致。第三,花刀的深度与刀距应一致。第四,所剞花刀形状应根据原料特性,区别应用。

四、基本料形及应用特征

基本料形是指构成菜肴的各种基本形状,包括剞花刀形成的形状。基本料形的成型方法如图4-4所示。

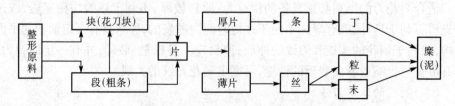

图4-4 基本料形的成型方法

（一）块的加工

加工块形通常采用直刀法中的切、剁、斩等刀法。

（二）段的加工

主要用直刀法中的直切、推切、推拉切、拉切，斜刀法，带骨的原料用剁的方法。

（三）片的加工

一般采用切、批的刀法。切片应注意原料的纤维纹理方向，较老的原料采用逆向刀法，如牛肉片、笋片等；嫩的原料应采用顺向刀法，如鱼片。片的切面应光滑，片体均匀，厚薄一致，宽长相等。

（四）条的加工

一般将粗细为0.5厘米至1厘米的细长料形称为条。主要应用切、剁、批等刀法。常见条状原料的加工有指条（手指条）、笔杆条（半指条）、筷子条、象牙条。

（五）丝的加工

加工丝的刀法是用直刀法、斜刀法、平刀法先切成片，然后整齐地排叠成形，再用直刀法中的切加工成丝。一般将细于0.3厘米的细工料形称为丝。

第三节　淀粉胶体及烹调应用

在烹调工艺中，淀粉既不是主料，也不是配料，而且没有调味作用，但却是一种不可缺少的原料。淀粉在烹调中应用极为广泛，可用于原料的粘裹及定型，具有保护原料水分、吸收水分、提高菜肴的持水能力、改善菜肴质感的作用，可形成菜肴柔软、滑嫩和酥脆爽口的特点，能增加菜肴汤汁的黏度，赋予菜肴黏滑的口感。

一、淀粉胶体种类与应用

淀粉是由许多右旋葡萄糖缩合而成的多聚糖，淀粉在酸和酶的水解作用下，最后生成葡萄糖。

（一）淀粉胶体在烹饪中的应用

淀粉又称"芡粉"、"糊料"，主要用于拍粉、挂糊、上浆、勾芡等。经挂糊的成品质地柔软光滑；拍粉的原料炸制后成形美观，花纹清晰，口感香脆；勾芡后的菜肴光亮滑润，滋味醇厚。

挂糊、上浆、勾芡形成的淀粉胶体不同：挂糊、上浆用的粉汁浓度较大，所形成的是淀粉凝胶。勾芡的粉汁浓度较稀，多数形成的是淀粉溶胶。

（二）烹饪中常用的淀粉种类

常用的淀粉种类有：菱角粉、绿豆粉、马铃薯粉、豌豆粉、甘薯粉、玉米粉、木薯淀粉等。其中色白、有光泽、吸水性强、涨性大、黏性好、无沉淀物、不易吐水、口感好，能长时间保持菜肴的形态者为佳。

二、挂糊和拍粉技术

挂糊是根据菜肴的特点和要求,将原料用淀粉调制的黏性粉糊裹抹的一种操作技术。挂糊的原料都要以油脂作为传热介质。挂糊的原料以动物性原料为主,蔬菜、水果也可。烹调方法主要包括炸、煎、脆熘等。调制粉糊的原料有淀粉、面粉、发酵粉、鸡蛋等;辅助原料有面包渣、吉示粉、花椒粉等。挂糊的作用主要能使菜肴形成不同的色泽和质感,同时可防止原料中的水分流失;防止高温直接作用于原料而破坏营养素。糊和原料巧妙结合丰富了菜肴的风味特色。

(一)粉糊的种类

1. 水粉糊

水粉糊也称硬糊,由水和淀粉调制而成,适用于干炸、脆熘等高温烹调方法。特点是外脆里嫩,如"糖醋鲤鱼"。

2. 蛋清糊

蛋清糊由蛋清和淀粉调制而成,适合温油软炸菜肴。特点是质感软嫩,如"软炸口蘑"。

3. 蛋泡糊

蛋泡糊又称"高丽糊"、"发蛋糊",由蛋清和淀粉调制而成,适用中油温或低油温加热。特点是色泽洁白、质感松软,如"高丽香蕉"、"雪衣鱼条"。

4. 全蛋糊(酥黄糊)

全蛋糊由全蛋和淀粉调制而成,适合中油温或高油温的烹调方法,如酥炸、脆熘等。特点是色泽金黄、质感酥脆。拔丝菜和烧菜类多用。

5. 脆皮糊(酥炸糊)

脆皮糊由淀粉、面粉、鸡蛋清、泡打粉、色拉油按一定比例调制而成。此糊的关键在于糊料的比例。具体制法是淀粉、面粉以 6:4 的比例混合,加适量的鸡蛋清和色拉油拌匀,最后加泡打粉。"脆皮鱼条"、"脆皮银鱼"常用。

(二)挂糊的成品标准与操作关键

挂糊技术的成品标准是厚薄一致和表面平整。挂糊的操作关键是注意操作的时间,宜现烹现挂,注意原料的味道,注意原料的湿度。

(三)拍粉技术

拍粉是在原料表面粘拍上一层干淀粉,以起到与挂糊作用相同的一种方法。所以拍粉也叫"干粉糊"。拍粉原料的特点是容易成形,比挂糊的菜品更加整齐、均匀,炸制后外表酥脆、内软嫩,体积不缩小。拍粉可固定菜肴形状,防止原料着色过快,使之保持色泽金黄,形态整齐的特点。其操作的方法主要有两种。

1. 直接拍粉

在原料表面直接拍淀粉,具有干硬挺实的特点,目的是防止原料松散、黏结、起壳。如"松鼠鱼"、"菊花鱼"。

2．拍粉拖蛋糊

先拍粉，从蛋液中拖过，再拍上面包粉或果仁。如"芝麻鱼排"。适用于高油温炸熟，成品外酥脆、里鲜嫩。若拍粉拖蛋液不粘其他原料，成品具有外脆里嫩、色泽金黄、柔软酥烂的特点，如"生煎鳜鱼"。

拍粉需注意现炸现拍，防止淀粉吸干原料中的水分，使原料变得干硬；原料的刀口内淀粉要拍匀，防止原料黏结，影响造型。

三、上浆技术

上浆是将原料用淀粉、蛋清调制的黏性薄质浆液裹匀。经加热后，原料表面的浆液糊化凝固成软滑的胶体保护层，使菜肴的质地保持细嫩。上浆的原料可以用油作为介质加热（以低油温滑油为主），也可用水作为介质或直接入锅烹制，如"水煮牛肉"、"鱼香肉丝"。

（一）上浆的作用

避免原料直接与高油温接触，使蛋白质在低温下变性成熟，保持原料内部水分与呈味物质不易流失，并使原料在加热中不易破碎，从而起到保嫩、保鲜、保形、提高风味与营养的整体优化作用。

（二）浆液的种类

1．干粉浆

直接用干淀粉与原料拌和，适宜含水量较多的原料，要充分拌匀。

2．水粉浆

用湿淀粉与原料拌和。

3．蛋清浆

原料先用鸡蛋清拌匀，再用淀粉（干湿都可）拌匀，适用于色白的菜肴。

4．全蛋浆

用全蛋、蛋粉与原料拌和，适用色深的菜肴。

（三）上浆处理的关键

上浆处理的关键首先是投放淀粉与蛋清的数量要恰当，若数量少则黏性小，易脱浆，数量多则黏性大易粘连，蛋清在搅打时不能起泡。其次，不同原料搅拌特点不同。虾仁搅拌时间长，用力要迅速；鱼肉易断裂，搅拌力不宜过猛，防止搅碎；禽畜原料上浆前要加适量的水，让其吸收，搅拌不充分易脱浆。

（四）上浆后处理

1．现滑油现浆

浆过的原料放置时间长了要渗水，而淀粉不溶于冷水，易沉淀。

2．静置

上浆后的原料可放入冷藏室,使原料进一步吸水,但时间过长则会渗水脱浆。

3．加油脂

上浆后拌色拉油,滑油时原料迅速分散,淀粉糊化均匀,原料表面光滑。但加油脂必须在原料加热前进行,过早则不利。

（五）滑油处理

上浆后的原料滑油时,常遇到的问题是脱浆或黏结成团,一般是因为油量、油温的原因。油与原料的比例应为3∶1;油温应为130~140℃。在原料滑油时出现粘锅现象,原因是没有加热锅,应做到热锅凉油,即可避免粘锅现象。

四、勾芡技术

勾芡指在菜肴烹制接近成熟将要出锅前,向锅内加入水淀粉,使菜肴汤汁浓稠的技术。

（一）菜肴芡汁的种类和特点

餐饮行业中一般按芡汁浓稠的差异,将菜肴芡汁分为包芡、糊芡、流芡、米汤芡四种。

1．包芡

包芡指菜肴汤汁较少,芡汁基本上黏附于原料表面,适用于炒、爆类菜肴。

2．糊芡

糊芡指汤汁较多的菜肴勾芡后呈糊状的一种厚芡,适用于汤汁宽而浓稠的菜肴,多用于熘菜。

3．流芡

流芡又称流漓芡,是一种薄芡,类似于糊芡,但浓稠度小一些。流芡因其在盘中可以流动而得名。适用于烧、烩、扒类菜肴。

4．米汤芡

米汤芡浓稠度比流芡小,要求芡汁如米汤,稀而透明,多用于汤汁较多的烩菜、羹汤菜。

（二）芡汁的调制与勾芡的操作方法

1．芡汁的调制

（1）水粉芡。用淀粉和水调匀的淀粉汁。除爆、炒菜以外,几乎全部都用水粉芡。

（2）兑汁芡。在勾芡之前用淀粉、鲜汤（或清汤）及有关调料勾兑在一起的淀粉汁,常用于旺火速成的爆、炒菜肴。

2．菜肴勾芡的方法

（1）菜肴成熟后,直接淋入水粉芡或兑汁芡,与原料翻拌均匀,再出锅,芡汁可一次淋入或分次淋入。

(2)在锅中调好芡汁(俗称"卧汁芡"),然后将成熟的原料入锅翻拌均匀,再出锅,或将芡汁用手勺浇淋在已装盘的原料表面。

(三)勾芡技术的操作关键

1.淀粉的品种选择

不同的淀粉其糊化温度、膨润性及糊化后的黏度、透明性都有一定差异。因此,勾芡操作必须事先了解淀粉的种类、性能。

2.准确把握芡汁入锅的时机

勾芡必须在菜肴即将成熟、口味和色泽已基本确定、锅中汤汁及温度相适应的时候进行,否则很难达到成菜的要求。

3.精确掌握芡汁的用量

一般条件下勾芡时淀粉的用量与原料数量、含水量成正比,与火候的大小及淀粉的黏度、吸水性成反比。

4.勾芡前后充分搅拌

由于淀粉不溶于冷水,淀粉多数沉淀在底层,形成不了悬浮液,某些调料不溶于水也会沉在碗底,因此,勾芡前要充分搅匀。

(四)自来芡的形成与运用

很多原料质地脆嫩口味清淡,烹制出的菜肴可以不勾芡,如炒豌豆苗、鸡汁干丝;还有一些红烧菜、酱汁菜、蜜汁菜等,这类菜肴往往采用大火收稠卤汁,使之黏稠似胶,行业中称为"自来芡"。

自来芡的菜肴一般选用富含胶原蛋白的原料,以水为主要导热体,通过小火长时间加热,胶原蛋白变成明胶,溶于卤汁中。明胶、油、糖三者之间相互作用,形成自来芡,并黏于原料周围。

第四节　配菜工艺

配菜就是烹饪原料之间的搭配,即将经过选择、加工的各种烹饪原料,按照一定的规格和质量标准,通过一定的方法,组配成可供直接烹调的完整菜肴的工艺过程。配菜是相对独立的加工工序,是菜肴烹制成熟前必不可少的一个重要过程。它对规范生产,提高菜肴成品的稳定性提供标准,对菜肴的风味特点、感官性状、营养质量等都有一定的作用,对平衡膳食也有重要意义。配菜工艺往往都是由知识、经验、阅历丰富的人来担任。配菜工作不仅仅是简单的原料搭配,而是集菜肴设计、组配实施、质量监督、创造新品种菜肴于一体,综合性较强的工作。

一、菜肴的原料组成及配菜形式

（一）菜肴的构成

配菜是指把加工成形的各种原料加以适当的配合，使其可烹制出一份完整菜肴的工艺过程。一份完整的菜肴由三个部分组成：即主料、辅料、调料。

1. 主料

主料在菜肴中作为主要成分，占主导地位，是起突出作用的原料，通常占整个菜肴60%的比重。

2. 配料（辅料）

配料为从属原料，指配合、辅佐、衬托和点缀主料的原料，通常占整个菜肴30%～40%的比重。其作用是补充或增强主料的风味特性。

3. 调料

调料是调和食物风味的一类原料。

（二）菜肴组配类型

菜肴组配往往依据主料、配料的多少，分为三类。

1. 单一原料菜肴的组配

单一原料指菜肴中没有配料，只有一种主料。对原料要求较高。如"清炒虾仁"、"清蒸鱼"。

2. 多种主料菜肴的组配

多种主料指主料品种在两种或两种以上，数量大致相等，无主、辅之分。配菜时原料应分别放置，便于操作。如"爆三样"、"植物四宝"。

3. 主、辅料菜肴的组配

菜肴有主料和辅料，并按一定的比例构成。其中主料为动物性原料，辅料为植物性原料的组配形式较多，也有辅料是动物性原料的，如"肉末豆腐"，也有的辅料是多种的，如"五彩虾仁"。主辅料的比例一般为9∶1或8∶2或6∶4等，辅料的比例宜少不宜多，不能喧宾夺主。

二、配菜工艺的作用

（一）确定菜肴的成本和售价

菜肴的用料一经确定，就具有一定的稳定性，不可随意增减、调换。因此菜肴的成本和售价也基本固定，这样可保证成品质量。

（二）奠定菜肴的质量基础

各种菜肴都是由一定的质和量构成的。质是指组成菜肴各种原料的营养成分和风味指标。量是菜肴中原料的重量或数量。一定的质量构成菜肴的规格，而不同的规格决定了它的食用价值。配菜工艺规定和制约着菜肴原料结构组合的优劣、精细、营养成分、技术指数、用料比例、数量多少，以保证菜肴的质量。

（三）奠定菜肴风味的基础

风味基础，即人们通常说的色、香、味、形等各种表现的综合。菜肴的风味不是随机性的。通过配菜确定了菜肴的口味和烹调方法，确定菜肴的色泽、造型。

（四）菜肴创新的基本手段

菜式创新的方式虽然很多，但在很大程度上是原料组配的作用。原料组配形式和方法的变化，必然会导致菜肴的风味、形态等方面的改变，并使烹调方法与这种变化相适应。可以说，组配是菜式创新的基本手段之一。

（五）确定菜肴的营养价值

菜肴的规格质量确定下来后，各种原料的营养成分也就固定下来。各种组配原料中的营养成分不相同，不同营养素之间可以互相促进与补充。因而，通过组配可以更好地满足人体对营养素的需求，提高菜肴原料的消化吸收率。

三、配菜的一般规律

（一）原料色彩的组配规律

色彩是反映菜肴质量的一个重要方面。菜肴的风味特点经常会通过菜肴的色彩被客观地反映出来，从而对人的饮食心理产生极大的作用。菜肴的色彩可分为冷色调和暖色调两类。色调可以表示菜肴色彩的温度感。在色彩的 7 个标准色中，近于光谱红端区的红、橙、黄为暖色；接近紫端区的青、蓝、紫为冷色；绿色是中性色。所谓冷、暖是互为条件，相互依存的。如紫色在红色环境里为冷色，而在绿色环境里又成为暖色；黄色对于青、蓝为暖色，而对于红、橙又偏向于冷色。

1．单一色彩菜肴

组成菜肴的原料由单一的一种原料色彩构成。

2．同类色的组配

同类色组配也叫"顺色配"。所配的主料、辅料必须是同类色的原料。它们的色相相同，只是光度不同，可产生协调而有节奏的效果。

3．对比色的组配

对比色组配也叫"花色配"、"异色配"，指把两种不同色彩的原料组配在一起。

4．多色彩的组配

菜肴的色彩是由多种不同颜色的原料组配在一起构成，其中以一色为主，多色附之，色彩艳丽。

（二）菜肴香味的组配规律

研究菜肴的香味，主要考虑当食物加热和调味以后所表现出来的嗅觉风味。原料都具有独特的香味，组配菜肴时既要熟悉各种原料的香味，又要知道其成熟后的香味，注意保存或突出它们的香味特点，并进行适当搭配，会更好地发挥其所长。

菜肴香味组配要遵循的一般规律如下。

1．主料香味较好，应突出主料的香味

主料的香味为主，辅料、调料陪衬，如"滑炒鸡丝"。

2．主料香味不足，应突出辅料的香味

如鱼翅味淡，需用鸡腿、鸡脯等原料增味。

3．主料有腥膻异味，可用调味品掩盖

一些海产品和某些禽畜肉类具有腥膻异味，在调香时可通过调味品加以掩盖。

4．香味相似的原料不宜相互搭配

原料的香味比较相似，配在一起反而使主料的香味更差。如鸭与鹅、牛肉与羊肉、南瓜与白瓜、白菜与卷心菜等。

（三）菜肴口味的组配规律

口味是通过口腔感觉器官——舌头上的味蕾鉴别的，它是评价中国菜肴的主要标准，是菜肴的灵魂所在。菜肴口味组配的规律有以下几项。

1．突出主料的本味

突出主料的本味要求少用调味品，用盐量也少。汤菜一般含盐量在 0.8％，爆、炒等菜肴含盐在 2％左右。

2．突出调味品的味道

当菜肴所用调味品较多，菜肴口味以复合味为多时，应突出调味品的味道。

3．适口与适时规律

根据各地风俗、风味特点、口味、时令季节等调配菜肴口味。符合大多数人的味觉习性，才是好的口味。

（四）菜肴原料形状的组配规律

菜肴原料形状的组配是将各种加工好的原料按照一定的形状要求进行组配，组成一盘特定形状的菜肴。菜肴形状组配的规律如下。

1．根据加热时间来组配

菜肴的形状大小必须适应烹调方法。如炒、爆等属短时间加热工艺，因而要求菜肴的形状以薄片、小块、丝状等为主。焖、炖等属长时间加热工艺，因而菜肴的加热形状可采用大块、厚片等。

2．根据原料形状相似性来组配

主、辅料的形状必须和谐统一、相近相似，根据烹调的需要确定主料的形状，从而确定辅料的形状。如丁配丁、丝配丝等。

3．辅料服从主料来组配

菜肴组配时应注意辅料服从主料的原则，不能喧宾夺主。如荔枝腰花要求辅料为长方形片或菱形片。

（五）菜肴原料质地的组配规律

配菜时应根据原料的性质进行合理搭配，以符合烹调和食用的要求。原料质地组配主要有两方面。

1．相同质地原料相配

原料脆配脆、嫩配嫩、软配软，相同质地相配合。如"汤爆双脆"。

2．不同质地的原料相配

不同质地的原料组配在一起，使菜肴的质地有脆有嫩，口感丰富。如"宫爆鸡丁"、"雪菜肉丝"。

（六）菜肴与器皿的组配规律

餐具种类繁多，从质地材料来看有金（镀金）、银（镀银）、铜、不锈钢、瓷、陶、玻璃、木质等。从形状来看有圆、椭圆、方形、多边形等。从性质来看有盘、碟、碗、品锅、明炉、火锅等。美食需配美器，不同的菜肴要选择合适的餐具。具体包括以下几个方面。

1．依菜肴的档次决定餐具

较名贵的原料，如燕窝、鱼翅等，一般要选用银质或镀银的餐具。

2．依菜肴的类别定餐具

大菜或拼盘用大型器皿，无汤的用平盘，汤少的用汤盘，汤多的用汤碗。

第五节　烹饪原料制熟工艺

烹饪原料制熟工艺对菜肴的口味起关键的作用。

一、预熟处理

为了使菜肴有特殊风味，除去食物原料中的不良成分，厨师常对食物原料进行预熟处理。通常预熟处理时不调味，所以技法简单。预熟处理指在正式烹调之前，对食物原料先行加热，制得半成品的加工过程。

（一）预熟处理的目的和作用

1．除去原料中的异味

通过蒸汽加热使异味成分从生物组织中分解游离出来，在降低蒸汽压的情况下挥发出去；或者用水加热，让这些异味成分溶解于水而除去。

2．改进原料色泽或使料块定型

不管是水或油加热都能使原料凝固或上色（虾、蟹上色；在碱性环境下蔬菜显得更绿，行业称定绿）。

3．让不易成熟的原料先成熟

为了使原料成熟时间一致，必须经过预熟处理。对用量较大的食物原料进行预熟处理,形成半成品或预制品,储备待用,可以使正式熟处理过程快捷方便。

(二)预熟处理的类型

餐饮行业中,把预熟处理方法分为水预熟、蒸汽预熟、油预熟、调色预熟。

1.水预熟(焯水)

水预熟即以水为传热介质,使食物原料的异味成分溶于汤水或气化逸出的预熟方法,行业中称"焯水"或"走水锅"。所谓"焯"指将固体物料在水中加热后,再使之离开水的加热方法,汤水弃之不用。

水预熟处理有冷水下料和沸水下料两种方法。

(1)冷水下料。此法加热时间长,可以有充足的时间将原料中的异味成分溶与水中。体大、腥味重的动植物原料,在水中缓慢加热,可以有更多渗透和扩散时间使其内部的异味成分和血水充分溶出。

(2)沸水下料。将原料投入沸水中快速加热,使原料在短时间内成熟。对于动物性原料,沸水投料可保持嫩度不变,同时去掉腥膻气味。对于植物性原料可以保持鲜艳的色泽。

2.蒸汽预熟(汽蒸)

蒸汽预熟就是以普通常压蒸汽或过热高压蒸汽为传热介质对食物原料进行预熟处理。蒸汽预熟处理可分为快速蒸制和缓慢蒸制两种。

(1)快速蒸制。即利用饱和蒸汽,在较短的时间内使食物成熟。因饱和蒸汽可以避免水分过度流失,能使原料保持一定嫩度,但调味较难。快速蒸制适合处理体积小、质地嫩的原料,如蛋制品、肉糜、小块蔬菜。对于某些嫩度不易变化的原料如肉糜、土豆泥等,可以足汽速蒸;对于冷菜中使用的黄、白蛋糕,就要放汽速蒸,防止产生气孔。

(2)缓慢蒸制。即利用蒸汽传热长时间加热,使原料酥烂,以便正式烹调处理。因为蒸制温度在100℃以上,原料中的水分会汽化溢出,因此对于那些需要保持水分的原料应带水放在器皿中蒸制。缓慢蒸制适宜体积大、质量好的原料。要控制好加热时间,虽说是缓慢加热,但并非越慢越好,以防水分流失。

3.油预熟(过油)

油预熟是利用热油传热的作用使食物原料脱去水分,使原料上色、增香、变脆的方法。

(1)焐油。利用热油使原料在其中缓慢升温,促成原料中所含的水分逐渐汽化,为其最终脱水或提前膨化做准备。此法多在干料油发中使用。低温油预熟处理法适宜处理花生仁、腰果、鱼肚等干料。操作时要注意:冷油下料;油温不易过高(保持原料内层的水分和外层的水分同时汽化);注意原料的外观变化(花生仁、腰果等色会加深)。

(2)高温油预熟处理法(俗称走油)。利用油受热后的温度域宽,传热速度快,容易形成高温的加热条件等特点来加热食物原料,从而使制成的菜肴呈现诱人的红润色泽。另外油脂还是某些香气物质的溶剂,所以高温加热还有增香和赋香的作用。操作中注意:正确把握原料的成熟程度;根据菜肴的成品要求掌握好火候和色泽;炸制后的半成品不宜久放。

油预熟方法的一般原则是:根据原料的性质选择适宜的加热方式;切成块料的原料要分块下锅,使其受热均匀,防止粘连。

4.调色预熟(走红)

利用调料或汤汁,在预熟过程中增加菜肴的色泽,故俗称走红。在实施中有两种方法。

(1)卤汁调色预熟方法(卤汁走红)。将经过焯水或过油等方法已经预熟了的食物投入用酱油、料酒、糖色等调料兑成的卤汁中,用低温加热,使其裹覆卤汁,达到预定的色泽要求。用于料块较小的原料。

(2)热油调色预熟方法(油炸走红)。经过焯水等预熟处理后的半成品,在表面均匀地涂抹上饴糖或酱油、料酒、蜂蜜等调料,皮向下放入锅中炸成要求的色泽备用。适合体积较大的动物性原料。

二、烹调技法

烹调技法是指经过初步加工和切配后的原料及半成品原料,通过加热和调味,制成不同风味菜肴的操作方法,是菜肴烹调工艺的核心。菜肴的色、香、味、形是通过各种烹调技法的运用而体现的。正确掌握、熟练运用烹调技法,对于保证菜肴质量,增加风味特色,丰富花色品种,都具有极其重要的意义。

在烹饪制熟操作中,所用的传热介质主要是水、水蒸气和油。目前流行的以水为传热介质的熟处理技法有煮、烧、炖等;以蒸汽为传热介质的有蒸;以油为传热介质的制熟方法有炒、爆、烹、煎等;以辐射为主兼有热空气对流的有烤、熏等;以铁板、盐、石块等固体为传热介质的有焙、焗、烙、炮、炙等。此外还有远红外辐射和微波加热法。

(一)烤及其衍生技法

烤的原始形态是篝火烧灼,所以有时也笼统地称为烧或烧烤,极短时间的烤也称燎。自从有专门的设备以后,烤法就衍化成明火烤和暗火烤两种工艺。

1.明火烤

将原料放在敞开的炉中烤制的方法叫明火烤,如烤羊肉串,现在仍有人称明火烤为炙。电烤炉和远红外烤炉都可以代替明火烤炉。

2.暗火烤

将原料置于密闭的烤炉中烤熟的方法叫暗火烤。如北京烤鸭。暗火烤是面点制熟常用的方法,所谓的烘和焙都属于暗火烤。

3. 熏

熏是烤的一种衍生技法,是在密闭的烤炉里,将燃料和熏料混合燃烧,利用含有小分子呈香物质的烟气作为传热介质。这些香味物质黏附在原料表面形成独特的风味效果。

(二)煮及其衍生技法

煮是使用最广泛、最古老的烹调制熟方法。在煮的基础上还衍生出炖、煨、烧、焖、扒、汆等技法。

1. 煮

煮是将原料放入汤汁中,先用旺火烧沸,再用中火或小火煮熟成菜的烹调方法。特点:汤宽汁浓、汤菜合一、口味清鲜。

2. 炖

炖是将精加工的原料和足量的水放入锅中,加调料,旺火烧开小火长时间加热,直到原料烂熟的烹调方法,分为隔水炖和不隔水炖。特点:具有汤多味鲜、原汁原味、形态完整、酥而不碎的特点。炖菜中,汤清且不加配料炖制的叫清炖;汤浓而有配料的叫混炖。烹调手法不同,口味相去甚远。

3. 煨

煨是将经过煎、炸、煸炒或水煮等预熟的原料,加入调味料,在沙锅之类陶瓷器皿中,用旺火烧开,转入中小火长时间加热的烹调方法。菜肴汤汁浓稠,熟烂味鲜。特点:软糯酥烂、味鲜醇厚、汤宽而浓。

4. 烧

烧与煨的加热方式类似,是将经过切配、加工、熟处理(炸、煎炒、煮或焯水)的原料,加适量的汤汁和调味品,先用旺火烧沸,定味、定色后再用中火烧透至汤汁浓稠入味成菜的烹调方法。烧又可分为:红烧、白烧、干烧、葱烧。

(1)红烧。将切配后的原料,经焯水和炸、煎、煸、蒸等方法,制成半成品,放入锅内,加入鲜汤,旺火烧沸,撇去浮沫,再加入调味品,改用中火或小火,勾芡(有的不勾芡)收汁起锅成菜。特点:色泽金黄或红亮、细嫩熟软、鲜香味厚。

(2)白烧。与红烧对应,因烧制菜肴的色泽而得名。其基本方法与红烧类似。白烧是运用不同的原料、调味品,以达到白烧的效果。特点:色白素雅、清爽悦目、醇厚味鲜、质感鲜嫩。

白烧除参照红烧烹制方法外,还应注意以下几个方面:原料新鲜无异味,具有色泽鲜艳、质地细嫩、滋味鲜美、受热易熟等特点;忌用有色调味品,口味以咸甜味和咸鲜味为主;烧制时间比红烧短;一般用奶汤或薄芡为好,其汁稀薄。

(3)干烧。在烧制过程中,用中小火将汤汁基本收干成自然芡,其滋味渗入原料内部或黏附在原料表面上的烹调方法叫干烧。特点:色泽金黄、质地细嫩、亮油紧汁、鲜香醇厚。

5. 焖

焖是由烧衍变的烹调方法,指将炸、煎、炒、焯水等初熟制备的原料添入汤汁,旺火烧沸,撇去浮沫,放入调味品,用小火或中火慢烧,使之成熟并收汁至浓稠成菜的烹调方法。特点:具有形态完整、汁浓味醇、软嫩鲜香的特点。焖又可分为黄焖、红焖、油焖三种。

6. 扒

扒是由烧演变的烹调方法,所不同的是扒在最后阶段还要勾芡。扒是将初步熟处理的原料放入锅内,加汤汁和调味品,烧透入味,勾芡,大翻勺,保持原形装盘的烹调方法。特点:选料精细、原形原样、不散不乱、略带芡汁、鲜香味醇。扒因所用调料的不同分为红扒、白扒、奶油扒。

7. 㸆

㸆和烧的区别在于最后汤汁几乎全被原料所吸收,为此有些菜肴在制熟的后期要适当提高温度,但不可烧焦。

8. 烩

烩是将多种初步熟处理的小型原料一起放入锅内,加入鲜汤和调味品,用中火加热烧沸,勾芡成菜的烹调方法。特点:用料多样、汁宽芡厚。

9. 汆

汆是将软嫩的原料放在大量的热水中,用大火使其在短时间内成熟的烹调方法。特点:汤宽量多、滋味醇和清香、质地细嫩爽口。涮和汆是一回事,南方称汆,北方称涮。

(三)炸及其衍生技法

1. 炸

炸是烹调方法中较为重要的一种。炸的技法以旺火、油量大为主要特点。它是将经过加工处理的原料,直接或经挂糊放入较大油量的油锅中,加热成熟的烹调方法。炸制菜肴的风味特色主要有外脆里嫩、外松里糯。

(1)清炸。指原料不挂糊,直接投入到油锅中炸制的方法,适合细嫩的原料,表面虽不挂糊,但要抹饴糖、酱油等调味料,增加色泽和脆感。成品特点:外香脆、里鲜嫩。

(2)挂糊炸。指用淀粉或蛋白质为基质的糊状物黏附在原料的表面,然后入油锅炸制的方法。

(3)干炸。指先将原料用调味品腌制,再经拍粉或挂糊,然后下油锅炸熟的一种烹调方法。成品特点:外酥脆、里鲜嫩、色泽金黄。

(4)软炸。指将质嫩而形小的原料挂糊,再入五成热的油中炸制成熟的烹调方法。特点:外酥软、内鲜嫩。

(5)松炸。指制新鲜水果、泥状原料或制嫩形小的原料,经挂蛋泡糊,入中火低油温锅中,缓慢炸制成熟的烹调方法。特点:涨发饱满、色泽鹅黄。

(6)酥炸。指原料经蒸煮至熟软,挂糊或拍粉后(也有不挂糊拍粉的),入油锅炸制的烹调方法。特点:外酥香、里软熟。

(7)卷包炸。指将加工成丝、片粒的原料与调味品拌匀,再用包卷皮料包裹或卷裹起来,入油锅炸制的烹调方法。特点:外酥脆、里鲜嫩。

2.烹

烹泛指食物加热熟制,现在有时作制熟处理技法的统称。这里的烹也称"炸烹",将切配好的原料用调料腌制入味,挂糊或拍粉,投入旺油锅中,反复炸至金黄色,外酥脆、里鲜嫩后倒出,再炝锅投入主料,随即加入兑好的调味汁,调味汁多不加淀粉(调味汁中不加有色调料的烹法称"清烹"),最后翻锅成菜的烹调方法。特点:外酥香、里鲜嫩、爽口不腻。

3.熘

熘是将切配后的丝、丁、片等小型原料或整个原料,经油滑、油炸、蒸、煮的方法加热成熟,再用调制的芡汁淋浇于原料上,或将原料投入芡汁中翻拌成菜的烹调方法。因技巧操作方法的不同,熘又变化为:焦熘、滑熘、软熘、糖醋熘、醋熘等。

(1)炸熘。是脆熘、焦熘、烧熘的统称。是指将切配成形的原料,经码味,再挂糊或拍粉,放入热油锅炸制成外香脆、里鲜嫩,然后浇淋或粘裹芡汁成菜的烹调方法。

(2)滑熘。是将切配成形的原料码味上浆后,经滑油至断生,烹入芡汁成菜的烹调方法。特点:滑嫩鲜香、清淡醇厚。

(3)软熘。是将质地柔软细嫩的主料先经蒸熟、煮熟或汆熟,再浇汁成菜的烹调方法。特点:异常滑嫩清香。

(四)煎及其衍生技法

1.煎

煎是在锅中加少量油,放入经刀工处理成扁平状的原料,用小火煎至两面呈金黄色,酥脆成菜的烹调方法。

2.贴

贴是将原料单面煎制成熟。往往是几种原料叠加的,所以加热时不宜翻动,只是单面加热,在煎时淋入一些调料汁(卤汁),一方面借助于水蒸气传热,另一方面又可降温。使贴锅的一面酥脆,另一面柔嫩的烹调方法。特点:色形美观,菜肴底面油润酥香、表面鲜香细嫩。

3.火塌

火塌也称"锅塌",其实与贴类似,只不过原料是可以翻动的,两面煎黄。是将加工切配的原料,挂糊后放锅内煎或炸成两面金黄,再加入调味品和适量汤汁,用小火收浓汤汁或勾芡,淋上明油成菜的烹调方法。

（五）蒸法的变化

1．清蒸

清蒸是将主料加工成半成品后，加入调味品，添入鲜汤蒸制；或者原料经过加工后，加入调味品装盘，直接蒸制成菜肴的烹调方法。特点：保持菜肴本色，汤清汁宽，质地细嫩或软熟，清淡爽口。

2．粉蒸

粉蒸是将原料加工切配后，放入调味品腌制，用适量的大米粉拌和均匀，上笼蒸制软熟、酥烂成菜的一种烹调方法。特点：色泽金红或黄亮油润，软糯滋润，醇香浓鲜，油而不腻。

（六）炒及其衍生技法

炒法是中国烹饪的特色技法，衍化的方法较多。炒是将切配后的丁、丝、条、片、块等小型原料用中油量或少油量，以旺火或中火快速烹制成菜的烹调方法。炒的分类：滑炒、爆炒、煸炒、熟炒、软炒。

1．滑炒

滑炒是将动物性生净原料作主料，加工成丁、丝、条、片、块等小型原料，再经上浆，在旺火上以中油量在锅里过油快速烹制，然后用兑汁芡或勾芡（有些不勾芡）成菜的烹调方法。

2．爆炒

爆炒的特点是油温较高，原料入锅后快速加热成熟。将原料加工成小型的片、丁、粒或花刀形状，经上浆、滑油或先水氽后过油，再烹入调味品或芡汁旺火速成。特点：形状美观、脆嫩爽口、紧汁亮油。爆又分为油爆、酱爆、葱爆、芫爆等。

3．煸炒

煸炒又称干煸，指切配后的小型原料，不经上浆或挂糊，直接下锅炒制成菜的烹调方法。特点：鲜香脆嫩、汁薄入味的特点。

4．熟炒

熟炒指经初熟处理的原料，用中火热油，加调味料炒制成菜的烹调方法。特点：香酥滋润、见油不见汁。

5．软炒

软炒指将经过加工成流体、泥状、颗粒的半成品原料，先与调味品、鸡蛋、淀粉等调成泥状或半流体，再用中小火热油迅速翻炒，使之凝结成菜；或用中小火低油温过油、炒制成菜的烹调方法。特点：具有形似半凝固状或软固状、细嫩滑软或酥香油润的特点。

三、冷菜工艺

冷菜又称"凉菜"、"冷盘"、"冷碟"等，各地叫法不一，通常冷菜经过刀工处理后,再拼摆装盘。冷菜工艺指冷菜的加工烹调以及拼摆装盘的制作工艺。

(一)冷菜作用

冷菜是佐酒佳肴,通常是宴席上的第一道菜,以首席菜的资格入席,起着引导作用。

(二)中国冷菜的特点

冷菜与热菜相比具有加工烹调独特、注重口味质感、切配装盘讲究、造型丰富多彩、滋味稳定、易于保存携带、卫生要求严格等特点。

(三)冷菜制作工艺内容

冷菜制作工艺是指将食物原料经过加工制成冷菜后,再切配装盘的过程。从工艺上看,包括制作和拼摆两个方面。

1.制作

冷菜制作通常指将烹饪原料经过拌、炝、泡等冷菜烹调方法,使其成为富有特色的冷菜,为后来的拼摆提供物质基础。

2.拼摆

冷菜拼摆是将烹饪原料通过刀工处理后,整齐美观地装入盘内。拼装过程中需要人为地加以美化。冷菜拼装既是技术,又是艺术。

(四)冷菜的加工方法

根据风味特色,冷菜可分为两大类型:一类是以醇香、酥烂、味厚为特点,烹制方法以卤、酱、煮、烧为代表。另一类是以鲜香、脆嫩、爽口为特点,烹制方法以拌、炝、腌、泡为代表。此外还有一些特殊的加工方法,如挂霜、冻制、脱水等。

1.生拌法

将可食的生料或晾凉的熟料,用刀切成丝、丁、片、条等,加入调味品拌制成菜。如凉拌蜇皮、酸辣黄瓜、姜汁莴笋、生鱼片等脆性原料。

2.醉腌法

以精盐和酒为主的腌制方法。其酒可用一般的白酒,也可用花雕酒、绍兴酒等。酒腌时间长的为 $3\sim7$ 天,如醉蟹。短的可现制现食,如醉虾。

3.炝

将切配成形的原料以滑油或焯水成熟后,沥干水分,趁热加入调味品,调拌均匀成菜。特点:色泽美观、质地脆嫩、醇香入味。如海米炝芹菜。

4.酱

将初加工的原料放入酱汁中烧沸,转用中、小火煮至成熟入味的,最后大火收汁,包裹原料后阴凉即成。酱制菜肴具有色泽红亮光润,品味咸鲜,酱料味浓的特点。如酱牛肉,酱猪肝等。

5.卤

将原料放入卤汤中,以小火使原料成熟入味。卤制菜肴一般具有质地酥烂或软嫩,香料味浓,色、形美观的特点。

6.熏

将经过加工处理的原料放入熏锅中,通过熏料(茶叶、大米、锅巴、松柏等料)的烟气加热,使其成菜。

熏制菜肴一般具有质地嫩软、色泽红黄光润、烟香味浓的特点。

第六节　风味调配

一、调味工艺

(一)中餐调味的基本方法

中餐调味很注意与菜肴成熟过程的配合,为此分别采取烹调前调味、烹调中调味和烹调后调味的阶段处理方法,一切都是为了保证整体菜肴有良好的风味效果。

1.原料加热前调味

加热前调味又称基本调味,其目的主要是使原料在烹制之前就具有一个基本的味(即底味),同时改善原料的气味、色泽、硬度及持水性。加热中不宜调味或不能很好入味的烹制方法(如蒸、炸、烤等烹调方法)的菜肴一般均需要对原料进行基本调味。

2.原料加热中调味

加热中调味又称定型调味,其特征为调味在烹制过程中进行。其目的主要是使所用的各种主料、配料及调料的味道融合在一起并且配合协调统一,从而确定菜肴的滋味。

3.加热后调味

加热后调味又称辅助调味,它是调味的最后阶段,指在菜肴起锅后,上桌前的调味。其目的是补充菜肴调味的不足,使菜肴的滋味更加完善。很多冷菜及不适宜加热中调味的菜肴一般都需要进行这种辅助调味。

(二)中餐调味的特殊方法

对于某些特定菜肴,并非在加热前、加热中和加热后都要调味,而是需要根据菜肴设计中的口味特征选择在某一个或几个制作阶段进行调味处理,因此调味的具体实施方法也是不同的。归纳起来有以下几种。

1.腌渍法

将原料与调料拌匀放置或浸泡在调料溶液中,腌渍。

2.掺和法

调料先溶于水或汤汁中,然后加入到肉糜、茸泥或汤中搅拌均匀,这是烩菜、汤菜调味方法。

3．热渗透法

通过传热介质的渗透作用达到调味的目的。如蒸菜、烤等方法。

4．裹浇法

将液体或半流体的料汁浇裹黏附于原料或菜肴半成品的表面。如上浆、挂糊、拔丝、蜜汁等。

5．粘撒法

将固态调料粘撒在原料菜肴表面。

6．自助蘸食法

将味碟随菜肴一并送到消费者面前，在食用时蘸食。

二、制汤

(一)制汤的意义

制汤又叫吊汤、炖汤。就是把新鲜的，富含蛋白质、脂肪和氨基酸的动植物原料放在水锅中加热，以提取鲜汤供烹调之用。汤可以作为鲜味物质用来调味，在许多菜肴中起增鲜的作用。汤也可以作为汤菜的主料，与其他原料共同制作菜肴。在宴席中，汤的作用是非常广泛的，有开口汤、过口汤、收口汤等。

(二)制汤的方法

1．白汤

(1)浓白汤(奶汤)。以猪骨、猪蹄等为原料，同时将需要处理的猪肉类原料放入汤锅内，加葱姜、料酒。快要烧沸时撇净血沫，加盖，用旺火焖煮，在适宜的时候将预制的蹄膀、方肉、白切肉取出，其余的继续煮3小时，直至汤汁乳白，用网筛过滤备用。其特点是汤色乳白，质浓味鲜。

浓白汤主要用于烩、煮等白汁菜肴。

(2)普通白汤(毛汤)。将煮过浓白汤的下脚料，加一定量的清水和葱段、姜块烧沸，撇去浮沫，加料酒，盖上盖加热2~3小时，待骨烂，去渣即可。其特点是汤汁乳白，但浓度和鲜味均较浓白汤差。

普通白汤可做一般菜肴用汤。

2．清汤

(1)上汤(顶汤、高汤)。老母鸡切块或整只放入清水汤锅中，加葱段、姜块，用慢火烧煮，见血沫立即撇去。在汤将沸时，改用微火长时间3~4小时加热。必须保持水沸而不腾，微微波动。这样，既可以将鲜味物质溶于水中，又可使汤澄清。其特点是汤汁澄清，呈淡茶色，鲜味醇正，是烹制高级菜肴的用汤。

(2)高级清汤。把上汤进一步提炼即可。制作方法如下：将生鸡腿肉剁茸，加葱姜、料酒及适量清水泡30分钟，出水后投入清汤，以小火慢慢加热，同时用手勺搅转搅散，待汤沸时，立即改用小火，将浮沫撇净即可。用于提炼的方法称为"吊汤"。

(3)普通清汤(鸡清汤)。将鸡鸭的骨骼、翅膀等原料,加葱段、姜块,放入汤锅中,加清水用中小火慢慢加热,水沸时改用小火长时间加热,使原料中的营养物质溶于汤中。

(4)牛肉清汤。将净牛肉切成扁形小方块,加胡椒粉,鸡蛋清拌匀,放入冷水锅中,小火加热,待蛋白浮结成薄膜时,立即改用小火加热 3 小时,必须保持汤不沸腾,最后将浮沫撇干净。

(三)制汤的关键

必须选用鲜味足,无腥膻气味的原料;制汤的原料,一般应冷水下锅,且中途不宜加水;恰当地掌握火力与加热时间;注意调味料的投料顺序。

三、调香

烹饪中的调香是一种高超的技艺。一个成功的调香师,应遵循的调香的原则:增强,使好闻的香气充分发挥;掩盖,以香掩臭;夺香,加入少量的物质使香气改变;矫正,某些气味单独存在,气味不良,但如果在一定范围内,用多种组分恰当组合,反而气味芳香;稀释,有些物质浓度太大,气味不好,但稀释到一定的阈值,反而变得优雅宜人。调香是伴随着调味而进行,没有只调香不调味的实例。

味型实际上就是复合味,主要指滋味和气味的综合体现。实践中至少有两种或两种以上的调味料或食用香料按比例调和而形成味觉和嗅觉。味觉名称仍无科学定义,但在行业中有一定的表述形式。现流行比较广泛的有 20 余种。如:咸鲜味;香咸味;椒麻味;椒盐味;五香味;酱香味;麻酱味;烟香味;陈皮味;咸甜味;糖醋味(酸甜味);荔枝味;香糟味;甜香味;酸辣味;麻辣味;家常味;蒜泥味;鱼香味;姜汁味;芥末味;怪味等。

第七节 菜肴的盛装与美化工艺

一、菜肴的盛装

(一)盛具的种类

菜肴制好后,需要用盛具盛装。而盛具的式样繁多,各个地方菜系在选择与使用上也不同。中餐的盛具有很多,常用的主要有圆盘(又称平圆盘)、腰盘(又称椭圆形盘、长盘、条盘、鱼盘、鱼池)、汤盘、汤碗、扣碗、品锅、沙锅(又称煲)、气锅、火锅、攒盒、分餐盘等。

(二)盛具与菜肴的配合原则

菜肴制好后,需要用合适的盛器盛装。形状相当、色彩和谐、大小适宜的盛装器会使菜肴更加美观,能提高菜肴的价值。

1. 盛具的大小应该和菜肴的分量相适应

菜肴定量少的应该用较小的盛具,定量多的应该用较大的盛具。一般要求菜肴装在盘子中心圈内,要留有盘边。让这一盘子的空间、颜色同菜肴相映照,而不单单是完成盛装菜肴的基本任务。

2. 盛具的品种应与菜肴的品种相配合

盛具的种类很多,用途各异,这就需要恰当地选择,否则会降低菜肴的价值。盛具与菜肴讲究配合得当。如整条的鱼宜用腰盘;熘炒菜宜用圆盘;汤菜、炖菜宜用汤盘或汤碗;全鸡全鸭宜用瓷品锅等。

3. 盛具的色彩应与菜肴的色彩相协调

盛具有颜色的区别。盘子的边就是有各种颜色的,有的菜肴要用带有花边的盘子并且要选用合适的颜色。有的带有花边点缀的菜肴宜用白洁的盛具而不用带花边的,否则令人眼花缭乱。本身色泽浅而淡的菜肴盛装在淡绿色花边的盘子里则鲜艳悦目。

4. 盛具的档次应与菜肴的档次一致

盛具的档次有高低之分。同形状的圆盘,有一般瓷盘、高档瓷盘,有银盘,更有镀金的圆盘。普通菜肴由于成本低、制作简单,宜用一般盛具。高档菜肴选料精、成本高、制作工艺复杂,应用高档盛具,以衬托菜肴的档次,显示使用者的尊贵。有的盛具破损严重,如有缺口、裂纹等不宜使用。

(三)菜肴盛装的基本要求

1. 重视清洁卫生

菜肴经过加热到成熟,从食品卫生角度来说,已经过消毒杀菌。但在装盘时稍有不慎,细菌灰尘就会污染菜肴。这是把住病从口入关,保证菜肴质量的最后一道工序。

2. 菜肴要装得适度、丰满、整齐、美观、主料突出

突出主料、主次分明是造型的需要,也是体现菜肴价值的需要。如"锅巴虾仁"应将主料虾仁均匀地覆盖在锅巴上面。对于虾仁,则最好把形状大的放在最上面。

3. 分装要注意保持菜肴形态

对菜肴的分装,必须保证每份菜肴的数量相当,并一次完成。有时一锅菜要分装几盘,那么每盘数量要相同,在盘里的主辅料也不能有多有少。分装一次完成,重新分装会破坏菜肴的形态。

4. 装盘要熟练、准确、快捷

装盘的熟练程度影响着上菜速度,尤其是热菜,趁热上桌才能充分体现菜肴的特点,菜肴的质量才有保证。如"浇汁鱼"趁热浇汁才会嘎嘎作响,显现出外焦脆而里鲜嫩的特点;"雪衣豆沙"温度一下降,形状就不美观。因此,装盘要熟练快捷,否

则前功尽弃。

(四)热菜的盛装方法

1.油炸菜肴

油炸菜肴的盛装法有直接倒入、间接盛入、整齐排入等方法。

2.炒、熘、爆菜肴

这类菜肴的盛装法包括分次盛入法、拉入法、滑入法、筷子夹入等方法。

3.烧、炖、焖菜肴

此类菜肴的盛装法有拖入法、盛入法等方法。

4.蒸制菜肴

这类菜肴包括扣入法、装盘淋芡法等方法。

5.烩、烫类菜肴

此类菜的盛装法包括舀入法、倒入法、料汤分盛法等方法。

(五)冷菜拼摆装盘

冷菜拼摆装盘,是指将加工好的冷菜,按一定的规格、要求和形式,进行刀工切配处理,再整齐美观地装盘的一道工序。

1.冷菜拼摆装盘的步骤和基本方法

冷菜拼摆装盘的步骤是垫底、围边、盖面。冷菜拼摆装盘的方法有排、堆、叠、覆、贴、摆、扎、围。

2.实用冷菜单盘的制作

冷菜单盘称为单盆、围碟,只装一种冷菜。形式有:三叠水形、一本书形、风车形、馒头形、宝塔形、桥梁形、四方形、菱形、等腰形、螺旋形、扇面形、花朵形等。

3.冷菜拼盘的制作

拼盘用两种或两种以上的原料,按一定形式装入一盘,即为拼盘。但有下列形式:双拼、三拼、四拼、五拼、什锦拼盘、九色攒盒、抽缝叠角拼盘。

4.水果拼盘的制作

水果拼盘的特点是风味多样、营养丰富、食用方便、形态美观、用途广泛。水果拼盘的类型包括简单的水果拼盘,中、小型水果拼盘,大型的水果拼盘,调味型水果拼盘。水果拼盘的制作要点包括原料选择,注意造型,便于食用,注意保质,注意卫生,与盘具相配合。

5.欣赏性冷菜拼盘的制作

欣赏性冷菜拼盘即指"花色拼盘",也称"工艺冷盘",是经过精心构思后,运用精湛的刀工及艺术手法,将多种冷菜菜肴在盘中拼摆成飞禽走兽、花鸟虫鱼、山水园林的各种平面的或立体的图案造型。用于高档宴席。

6.冷菜拼摆装盘的原则

冷菜的拼摆装盘坚持以食用为本、风味为主、装饰造型为辅,要求形式为内容服务。

二、菜肴的美化方法

(一)菜肴的美化

菜肴的美化主要有实用性美化与欣赏性美化方法。

1. 实用性美化

实用性美化是以能使用的小件熟料、菜肴、点心、水果作为装饰物美化菜肴的方法,所使用的原料都是可以食用的。如香菇、西兰花、玉米笋、鹌鹑蛋、火腿、生鲜的香菜、黄瓜、西红柿、水果等。

2. 欣赏性美化

欣赏性美化是采用雕刻制品、琼脂、生鲜蔬菜、面塑作为装饰物美化菜肴的方法。这些装饰物以美化欣赏为主,能食用(或者说符合卫生条件),但一般不食用。方法有雕刻制品美化、蔬菜花卉美化、蔬菜点缀品美化、拼摆造型美化、几何形、象形造型、琼脂美化、面塑美化、非食用原料装饰美化等。

(二)菜肴美化要遵循的原则

菜肴美化首先要保证卫生安全。其次要充分考虑菜肴的经济成本,保证菜肴的制作的速度。第三,装饰物与菜肴的色泽、内容、盛器必须协调一致,使其形成统一的整体。宴席菜肴的美化还要结合主题、规格、与宴者的喜好与忌讳等因素,做好相互协调。

思考与练习

1. 中国烹饪的基本工艺流程是什么?如何认识中国烹饪的基本功?

2. 原料的精加工中,体现中国烹饪特色的加工技法有哪些?

3. 挂糊、上浆和勾芡技术利用淀粉的原理一样吗?为什么?

4. 试说明与中餐烹调中的挂糊、拍粉的区别。

5. 说明主料、配料和调料的作用及相互关系。

6. 菜肴组配工艺如何影响菜肴的质量?为什么说"组配工艺是菜式创新的基本手段"?

7. 从加热的角度看,预熟处理和成菜熟处理有什么异同?预熟处理在菜肴制作工艺程序中是否可以取消?为什么?

8. 一般将食物制熟技术按传热介质的种类分为水烹、油烹等类型,而本书则按传热介质和传热方法两者进行综合分类,你觉得哪一种方法更好?为什么?你还有什么更好的见解?

9. 按本教材所列的各种制熟方法,分别列举名菜实例3~5种,并略加说明。

10. 中餐调味应遵循哪些基本原则?可以采取哪些方法实现这些原则?试用

自己学过的知识,予以全面概括。

11. 中餐制汤的目的是什么? 多次吊汤后的汤液成分有什么变化?

12. 有人说,各种烹饪比赛中制作的雕刻、拼盘及菜肴犹如时装表演中模特儿身上的穿着打扮,中看不中吃,你对此有何见解? 怎样做才好?

第五章

中国烹饪的风味流派

"风味。一词原指人的风采、风度,后推及社会的风气,到南北朝,才把食物的美味叫做"风味"。在烹饪技术三要素中,风味是饮食科学和人文教化(饮食领域内的精神文明)真正的结合点。色、香、味、形、质是中国烹饪风味的主要内容。而中国烹饪在漫长的历史发展进程中,在地理、历史、文化、政治等各种因素的综合作用下,逐渐形成了代表不同特色的菜肴、面点流派。本章介绍的"风味流派"是指在特定的范围内传承的,具有相对稳定的烹饪科学特色和饮食文化风格的烹饪派别。

第一节　中国烹饪风味流派的形成与划分

一、中国烹饪风味流派的形成

烹饪风味流派既由许多主客观因素而形成,又必然具备一定的表现形式和特征。中国风味流派形成的因素主要有物质因素、地理环境因素、历史因素、民族传统和习俗因素。

(一)物质因素

中国烹饪的物质因素包括烹饪原料和烹饪工具。从烹饪原料来看,中国烹饪的发展历史也是中国烹饪原料不断丰富和更新的历史。而受地域和风俗习惯的影响,烹饪原料也形成了以当地物产为主的原料特色。各地涌现的烹饪名师与进步的烹饪加工工具结合,无疑是促进了不同风味流派的形成又一重要因素。

(二)地理环境因素

中国幅员辽阔,地形地貌类型多样,气候类型复杂,森林资源、水资源丰富。这些地理环境条件为中国烹饪流派的形成提供了丰富的原料资源。同时,不同地理环境条件,对人群形成了风俗、习惯和饮食偏好的不同的影响,从而进一步促进了中国烹饪不同风味流派的形成。

(三)历史因素

中国有悠久的历史。在不同阶段的历史进程中,烹饪技艺不断提高,烹饪产品不断丰富,形成了具有鲜明历史特征的不同风味流派。

（四）民族传统和习俗

传统和习俗反映的是主体即一定的群体的烹饪生产者和消费者的意向和心理趋向。它是一定社会经济条件下，一定地域范围和一定历史阶段中的产物。56 个民族有各自的不同的饮食传统和习俗。即使是一个民族内部，也会有习俗传统的差异。因而形成了各自不同特征的饮食风味。这种传统习俗有很强的沿袭性和稳定性，使形成的风味流派延续下来。

当然，影响中国烹饪因素还有很多，如统治阶级的偏好和推崇，宗教文化的传播，社会风气的影响等。此外，科学的进步和人们对饮食科学认识的提高，也对不同烹饪风味流派的特点产生一定的影响，使各种风味流派特色出现新的变化。如川菜的厚油、淮扬菜的重甜近年来已有所变化。科学的进步，交通的发达，市场的繁荣，交流的频繁使中国烹饪相互融合，使地域之间的菜点相互取长补短。因而风味流派已不是各种烹饪特色的严格分水岭，只是识别生长于传统烹饪文化下的各具特点的不同烹饪风味的一个相对明显的标志。依据风味流派的成因和表现特征，中国现在已经形成了以地方风味流派为主体，兼有民族、宗教、仿古等多元化的烹饪风味流派体系。而这个体系构成了中国烹饪文化的不可分割的整体。其中辐射面较广、影响较大的有鲁、苏、川、粤菜；宗教以清真、寺观素菜风味享誉全国；被挖掘的仿古菜以北京的仿膳、西安的仿唐、杭州的仿宋菜较为有名。官府菜保留下来的有北京谭家菜和山东的孔府菜。它们均以其个性突出、特色鲜明的风格活跃在中国烹坛上。

二、中国烹饪风味流派的划分

中国饮食风味流派有多种划分的方法。从饮食生产主体和消费对象层次来划分，可划为民间风味、市肆风味、寺院风味、官府风味、宫廷风味等风味流派；从地域角度来划分，可划分为四川风味、山东风味、淮扬风味、广东风味等流派；从民族角度来划分，可划分为汉族风味、回族风味、朝鲜族风味等流派；从原料的性质划分，可划分为荤食风味和素食风味；从食品功用来划分，又可划分为食疗、保健、美容等风味流派等。当然，这里把中国烹饪风味划分成各种流派，不是人为地分割中国烹饪的博大文化，而是从方便学习各具代表特征的中国烹饪生产、制作、产品、消费的角度出发，目的是使同学们能更好地学习中国烹饪风味流派的丰富内容。

第二节　中国烹饪的地方风味流派

民国时期，中国菜的风味流派更趋成熟，随着不同地方风味餐馆在大城市的设置，餐馆业中出现了"帮口"的称谓。抗日战争前后的武汉、重庆、西安等城市饮食店的帮别也很多,除当地菜馆外,分别有京帮、豫帮、鲁帮、扬帮、徽帮、粤帮、湘帮、苏帮、宁帮等。这些"帮口"在当时餐馆业中具有"行帮"和地方风味兼而有之的职能,它既为远在异乡的人们的饮食需要而设,又为调节大城市人们追求多种风味而经营,这是中国烹饪繁荣的标志之一。到了 20 世纪五六十年代,上述众多地方风味流派,由于种种原因,又有不同的发展变化,其中在国内外影响较大的为川、鲁、苏、粤菜,也就是人们习惯上所说的"四大菜系"。70 年代末以来,许多地方也想在"大菜系"的宝座中占有一席之地,因而先后又出现了五大、八大、十大、十二大、十五大"菜系"之说,除了川、鲁、苏、粤外,还有北京、上海、天津、浙江、福建、湖北、湖南、安徽、陕西、辽宁、河南等省、市。也就是说这些省、市均可成为一个独立的地方风味流派。对此,目前人们争论较大,尚没有统一的认识。而本书主要从不同角度介绍以下若干代表性地方风味菜肴。

一、鲁菜

南北朝时山东风味已初具规模,明清时已稳定形成流派。山东风味影响所及有黄河中下游、华北东部以及东北地区。山东菜是由济南菜、胶东菜两大部分组成的。此外鲁西菜也很有特色,孔府菜也自成体系。山东菜对宫廷菜、京菜的形成有重要影响。山东菜总体特征注重以当地特产为条件选料,精于制汤和以汤调味,烹调法以爆、炒、扒、熘最为突出,味型以咸鲜为主而善于用葱香调味。

(一)济南菜

济南菜形成较早,济南是山东的政治、经济和文化中心,被誉为"商贾荟萃"之地。济南"大明湖之蒲菜,其形似荬,其味似笋,为北方数省植物菜类之珍品","黄河之鲤,南阳之蟹且入食谱"。丰富的物产,为烹饪提供了物质基础,长期以来,形成了独具特色的济南风味菜。济南菜包括济南历下风味菜、城外商埠菜及市井百姓的庶民菜。其特点概括如下。

1. 取料广泛、品类繁多

泉城济南向以涌泉而闻名中外。它地处水陆要冲,南依泰山,北临黄河,资源十分丰富。济南地区的历代烹饪大师,利用丰富的资源,广泛取料,制作了品类繁多的美味佳肴。从满汉全席中的二十四珍,到瓜、果、菜、菽,就是极为平常的蒲菜、蒡豆、豆腐和畜、禽内脏等,经过精心调制,皆可成为脍炙人口的佳肴美味。

2. 清香、脆嫩、味醇

济南风味菜素以清香、脆嫩、味醇而著称。清代美食家袁枚形容济南的爆炒菜肴时曾说:"滚油炝(爆)炒,加料起锅,以极脆为佳。"(参见袁枚《随园食单》)。鲁菜的调味,极重味醇。其咸,用盐讲究、清水熬化后再用。其味有鲜咸、香咸、甜咸、麻咸及辣咸,另外还有小酱香之咸、大酱香之咸、酱汁之咸、五香之咸的区别;其鲜,多以清汤、奶汤提味;其酸,烹醋而不吃其酸,只用其醋香味;其甜,重拔丝、挂霜,甜味纯正;其辣,则重用葱蒜,以葱椒绍酒、葱椒泥,胡椒酒、青椒和之,香辣而不烈。

3．馔名朴实,少花色而重实用

济南人憨厚朴实,直爽好客。宴饮办席,以丰满实惠著称,饮食风俗上至今仍有大鱼大肉、大盘子大碗的特点。如"把子大肉"、"糖醋大鲤鱼"、"清炖整鸡"等。其肴馔之名也如其人,闻其名而得其实。如"扒肘子"、"八宝布袋鸡"、"红烧大肠"等。济南菜中很少有华而不实的"花色菜"。

4．清汤、奶汤制作堪称一绝

济南菜精于制汤,清浊分明,堪称一绝。制作清汤,讲究微火吊制,次数越多,汤味越醇、汤色越清。且先下红哨、后下白哨,使之吸附汤中的杂质,并入其鲜味于汤中,以达汤清味鲜的佳境。奶汤则非旺火猛煮不可,使原料中的胶质蛋白质及脂肪颗粒溶于汤中,以便使汤汁色白味醇。"清汤干贝鸡鸭腰"、"蝴蝶海参"、"奶汤全家福"、"奶汤蒲菜"、"奶汤鲫鱼"等是济南汤菜中的名品。

5．技法全面、擅以葱调味

在中国菜的四大风味流派中,山东风味菜向来以烹调方法正统、全面而著称。而山东菜中又以济南菜表现突出。煎炒烹炸、烧烩蒸扒、煮余熏拌、熘炝酱腌等烹调方法都普遍应用。其中尤其是"爆"与"塌"更有独到之处。爆又分油爆、酱爆、汤爆、葱爆、盐爆、火爆等数种。"火爆燎肉"、"油爆双脆"、"汤爆肚头"等堪称一绝。济南菜中的佐料使用最多的是葱。不论是爆炒、烧熘,还是调制汤汁,都用葱料煸锅爆香,蒸、炸、烤也必用葱料腌制后再烹制,且上桌时也时常以葱段等佐食。如"烧鸭"、"双烤肉"、"炸脂盖"、"锅烧肘子"、"干炸里脊"等,均佐以葱白段、萝卜条(或黄瓜条)而食,风味独特,别具一格。

(二)胶东菜

胶东菜包括烟台、青岛等胶东沿海地方风味菜,最早起源于福山。胶东半岛位于山东的东端,突出于黄河和渤海之间,三面临海,具有四季分明、温度适宜、冬无严寒、夏无酷暑的特点,自然条件优越,物产资源丰富。著名的有产量居全国首位的大对虾,久负盛名的烟台苹果、莱阳梨、烟台大樱桃、龙口粉丝,以及海产珍错刺参、鲍鱼、扇贝、天鹅蛋、西施舌、青鱼、牡蛎、加吉鱼、鹰抓虾、红螺等。众多的物产为胶东菜的形成与发展打下了良好基础。再加上烟台、福山一带历来"酒风最盛","烟埠居民,宴会之风甚盛,酒楼饭馆林立市内,各家所制之菜均有所长,食者颇能满意"(见《烟台概览》)。经过烹调大师们的多年研制,胶东菜已形成了自成一格的风味特色,成为众口交誉的山东风味菜的一支重要流派。其特点概括起来,有如下几点。

1．精于海味,善做海鲜

胶东风味菜精于海味、善做海鲜,大凡海产品均能依其内理,烹制出相应的美馔。甚至"烹制鲜鱼,民家妇女多能擅长"(见《黄县县志》)。其著名的品种有"红烧海参"、"清蒸加吉鱼"、"烧蛎黄"、"红扒大排翅"、"扒原壳鲍鱼"、"油爆海螺"、"清水天鹅蛋"、"盐爆乌鱼花"、"清炒虾仁"、"火爆大虾"、"烩乌鱼蛋"、"扒鱼腹"等。再如小海鲜:蛏子、大蛤、小海螺、蛎黄、蟹子、海肠子等,经烹制而成的"芝爆蛏子"、"芙蓉大蛤"、"火烧海螺"、"金银蛎子"、菊花蟹头"、"韭菜炒海肠子"等,都是独具特色的海味珍品。

2. 鲜嫩清淡,崇尚原味

胶东风味菜的原料以鲜味浓厚的海味居多,故烹调时很少用佐料提味,多以保持其鲜味的蒸、煮方法烹制。沿海居民以活鲜海味为贵,烹调时讲究原汁原味,鲜嫩清淡。如"盐水大虾"、"手扒虾"、"手扒扇贝"、"三鲜汤"等。

3. 注重小料,以此辨菜

胶东风味菜讲究小料的改刀与配合,一般饭店里,厨师以小料的形状、种类、多少来辨别不同的烹制方法。如指段葱,一般为爆菜;大葱段为烧菜;马蹄葱者为炒菜;葱姜米全放一般为糖醋;若同是煎肉片,配以葱姜丝、干辣椒丝谓之"广东肉",若不放干辣椒丝,则为"锅塌肉"。胶东风味菜以小料来识别菜肴,省去许多麻烦,案与灶不必大喊大叫,工作有序,忙而不乱,万无一失。

4. 烹调细腻,讲究花色

胶东风味菜在烹调上表现为烹制方法细腻,比如爆菜技法,它又分出许多只有细微差别的"子技法":油爆、汤爆、酱爆、茺爆、葱爆、宫爆、水爆等,它们有严格的工艺规程,丝毫也错乱不得。另外,胶东菜在花色冷拼的拼制和热食造型菜的烹制中,独具特色。其造型讲究生动、活泼、整齐、逼真,特别注意花色的搭配与造型。

(三)鲁西风味菜

鲁西地区地处华北黄河冲积平原,地势平坦,气候温和,物产丰富,历来是山东重要的粮棉产区之一。这里历史悠久,开发较早,民风淳朴,其饮食文化具有浓重的鲁西色彩,其菜肴以量大、色深、口重、味浓的特点传誉四方。

1. 原料就地取材

鲁西风味菜在其选料方面有着独特的个性。因远离沿海,故原料就地取材,普通中见优良。

2. 烹调技法

鲁西地区在烹调技法上,善用烧、炒、爆、扒、熘、炝、煎、熏等方法,加工精细,制作精良。阳谷、莘县、东阿一带,擅长酥炸、蒸、烧、清炒,其"清蒸白鱼"、"鸾凤下蛋"、"炸鹅脖"造型美观,技艺高超,独具特色;临清、冠县、高唐一带以滑炒、软炸、汤菜著称。

3. 菜肴名品

聊城历代为鲁西政治、经济、文化中心,烹饪集各县之大成,制作技术全面,宴席丰盛华美,其"糖醋黄河鲤鱼"、"缠丝豆腐"、"灯碗肉"、"白扒鱼串"、"爆双脆"、

"炒腰花"、"熘肝尖"、"老虎鸡子"等,做法、口味均有独到之处。鲁西甜味菜也别具特色,"琉璃粉脆"、"空心琉璃丸子"制作技艺独特,成品像水晶、如珍珠,金光闪烁,绚丽玲珑,确是厨师的精巧之作。

二、粤菜

粤菜即广东地方风味菜。主要由广州、潮州、东江三种风味组成。粤菜具有独特的南国风味,并以选料广博、菜肴新颖奇异而著称于世。

(一)粤菜的沿革

粤菜发源于岭南。自秦始皇南定百越建立驰道以后,岭南的经济文化得到很大发展,虽然当时的饮食烹饪还很简单,但已显露出与中原地区不同的独特风格。西汉的《淮南子》中说:"粤人得蚺蛇,以为上肴。"蚺蛇就是蟒蛇。由此可见,在西汉时期,具有广东地方风味的"蛇馔"已经存在。到晋代,当地部族间还曾因蛇肉不均而引发出一场战争,可见其时粤人对此肴的喜食程度。汉魏以来,广州一直是中国的南大门,是与海外通商的重要口岸,当地的社会经济因此得到繁荣,同时也促进了饮食文化的发展,加快了与内地及各国的烹饪文化的交流,中外各种食法逐渐被吸收,使广东的烹调技艺得以不断地充实和完善,其风格日益鲜明。晋代张华《博物志》记载,"东南之人食水产","龟、蛤、螺、蚌为珍味"。到了宋代,粤菜以"杂"著称的特点已相当显著,南宋的周去非《岭外代答》一书中曾记载粤人"不问鸟兽虫蛇,无不食之"。

明清时期曾大开航运,对外开放口岸,广州商市得到进一步繁荣,饮食业也因此而获得长足发展。市内酒楼林立,官绅富商筵宴不断,粤菜借此之势飞速发展,终于形成了集南北风味于一炉,融中西烹饪于一体的独特风格,并在各大菜系中脱颖而出,名扬海内外。

(二)粤菜的原料特点

广东特殊的地理条件和物产资源,对粤菜风味的形成具有极其重要的影响。广东地处东南沿海,属热带亚热带气候。珠江三角洲平原河网纵横密布;岭南山区丘陵岗峦错落,沿海岛屿众多,物产种类丰富,动、植物品类繁多,这些天赋条件为粤菜选料广博奇异、鸟兽蛇虫均可入馔的特殊风格奠定了物质基础。飞禽中的鹌鹑、乳鸽、猫头鹰等,都列于菜谱之中;鼠肉在粤菜的食谱虽很少提及,但当地民间却以之为美食。《顺德县志》中记载:"鼠脯,顺德县佳品也。大者为脯,以待客。筵中无此,不为敬礼。"粤菜还善于用当地特产蛇、狸、猴、猫等野生、家养动物以及蜗牛、蚂蚁、蚕蛹制成美馔。浩瀚的南海,为粤菜提供了许多海鲜珍品,如鲳鱼、鲈鱼、鳜鱼、石斑、对虾、龙利、海蟹、海螺等。

(三)粤菜的味型特点

温热的气候环境,又决定了粤菜注重清鲜、爽滑、脆嫩的风味特点。喜生,也是粤菜的一种特色,如鱼生、虾生、蚝生等。粤菜还讲究吃鲜,崇尚现宰、现烹、现食的方法,现在许多饭店酒楼仍保持着这种经营特色。粤菜的口味以清、脆、鲜、嫩为主,讲究清而不淡,鲜而不俗,脆嫩不生,油而不腻,并有"五滋(香、松、软、肥、浓)"、"六味(酸、甜、苦、辣、咸、鲜)"之说,还特别重视口味的时令季节变化,夏秋力求清淡,冬春偏重浓郁。粤菜有许多调料,如蚝油、鱼露、柱候酱、沙茶酱、豉汁、西汁、糖醋、煎封汁、酸梅酱、咖喱粉、柠檬汁等,它们为粤菜的独特风味所起的作用不可小视。

(四)粤菜的烹调工艺

粤菜在长期的发展衍变过程中,形成了一些独特的烹调技术,如煲、爆、焗、泡、软炒、烤、炙等。它还善于吸收和借鉴外来技法,并能根据本地口味和原料特点加以改进、发展、提高。如泡、扒、爆、余是从北方菜系中移植而来;焗、煎、炸是从西菜中借鉴而来,但它们在粤菜中都已经发展改造,成为不同于原有方法的特殊技法。

(五)粤菜烹饪名品

粤菜著名的菜肴有:烤乳猪、龙虎斗、太爷鸡、东江盐焗鸡、潮州烧鹰鹅、沙茶涮牛肉、明炉烧螺、糖醋咕噜肉、东江酿豆腐、蚝油牛肉、大良炒鲜奶、白云猎手、佛山柱候鸡、竹仔鸡褒翅等。

三、苏菜

苏菜是江苏风味菜的简称。它有丰富精美的食馔,以及精湛奇巧的烹饪技艺,是中国著名的地方菜系之一。

(一)苏菜的发展概况

相传早在帝尧时代,"好和滋味"的名厨彭铿就曾因做美味的野鸡羹供尧享用,而得到尧的赏识,赐封城邑。夏后时,有"淮夷贡鱼"之说,说明当时的淮鱼已是很有名气的美味佳肴。商汤时,江南佳蔬已扬名天下,并已占据了宫廷的大雅之堂。春秋时,调味大师易牙曾在江苏传艺,并创制了名馔"鱼腹藏羊肉"。其他如专诸鱼炙、淮南瓶罂、金陵天厨、建康七妙等,都是古代江苏的厨膳精良。江苏人文荟萃,善知味者世代有之,故烹饪典籍多于他处,有不胜枚举之感。如南朝梁代建康人诸葛颖的《淮南王食经》,元代无锡人倪瓒的《云林堂饮食制度》,明代吴门(今江苏苏州)人朝奕的《易牙遗意》、华亭(今上海市松江)人宋诩的《宋氏养生部》,清代钱塘(今浙江杭州)人袁枚的《随园食单》、会稽人童岳荐的《调鼎集》、虞山人时希盛刊刻的《四时食谱》等,对推动江苏菜烹饪技艺的提高,促进苏菜发展,扩大苏菜影响,都起了很大的作用。

(二)江苏菜发展的自然地理条件

江苏菜久负盛名,与江苏富饶的物产有着密切的联系。它地处长江下游,东临大海,气候温和,雨量丰沛,河湖众多,土地肥沃,交通便利,各种珍禽、鱼虾水产、干鲜名货、调料果品充沛畅达。著名海产品有南通的竹蛏、吕四的海蜇、如东的文蛤、连云港的对虾等。淡水产品有长江鲥鱼、刀鱼,太湖白虾、梅鲚、银鱼等,阳澄湖的清水大闸蟹,南京六合的龙池鲫鱼等。一年四季菜蔬野味种类繁多,著名的有金陵野蔬芦蒿、菊花脑、荠儿菜、木杞头、马兰头,南京的矮脚黄青菜,淮阳宿迁的金针菜,秦兴白果,宜兴板栗、毛笋,太湖等处的莼菜,无锡的油面筋、小箱豆腐,茭白等。至于调料,如淮北海盐、镇江香醋、太仓糟油、苏州田油、醇香酒、扬州酱油、泰州麻油等皆是个中佳品。丰富的物产,为苏菜的繁荣奠定了坚实的物质基础,并使苏菜得以成为风味独特的名肴。

(三)苏菜的烹调特色

苏菜的主要特点是口味适中,四季分明,善用鱼虾。在烹调技术上擅长炖、焖、烩、焐、蒸、烧、炒、泥煨、叉烧等方法。苏菜注重调汤,其汤清则要求见底,浓则色泽乳白。菜肴力求保持原汁,注重本味,并具有一物呈一味,一菜呈一味,浓而不腻,淡而不薄,滑爽脆嫩不失其味,酥烂脱骨不失其形的特点。

(四)江苏菜的构成

江苏地广人密,各地口味喜尚不尽相同,所以形成了南京、淮扬、苏锡三方风味。

1. 南京菜

南京是六朝古都,古称建邺、建康、金陵,故南京风味菜又称"金陵菜"、"京苏菜"。南京菜过去以烹制鸭菜而负盛名。早在 1400 多年前,鸭菜就已是金陵民间爱好的上等美馔。南京菜制作精细,玲珑纤巧,可分可合,讲究刀工,注重火候,咸淡适宜,口味平和,适应面广,以鲜、香、酥、嫩著称于世。

2. 扬州菜

扬州是古代的繁华都会。运河开凿后,成了中国东南之地的经济中心和对外贸易重要商埠。自隋唐起,扬州一直是中国一个重要的盐粮及农副产品的集散地。官僚、文人、富豪、盐商的大量聚集,为扬州菜的发展创造了条件。隋炀帝曾"三幸江都",从客观上促进当地烹调技艺的发展。当地产的许多特产如各种鱼类制品、蜜姜等,都是当时著名的贡品。清代康熙皇帝和乾隆皇帝,都曾几次游幸扬州,更造成了各地风味汇集,各擅所长的局面,从客观上为扬州菜烹调技艺的提高创造了条件。明代扬州菜就以其烹制精巧而赢得江南首屈一指的地位。清代扬州的著名餐馆已不下 40 家,寺院素菜也很兴旺发达。

扬州菜选料讲究,制作精致,突出主料,素雅鲜艳,配色和谐,强调本味,清淡适口,注重刀工、火工,造型讲究新颖美观,仅冷盘的常用拼法就有排、堆、叠、围、摆、覆等近十种方法。扬州菜还精于瓜果雕刻,讲究卷、包、酿、刻等加工手法,所制瓜灯在清代已颇负盛名,这种"镂刻人物、花卉、鱼虫之戏"的西瓜灯,是高级筵宴上的上品点缀物,根据造型的不同类型分为象形灯和宫灯两种,均玲珑剔透,栩栩如生。

扬州菜还擅长炖焖,在烹制时密封加盖,小火慢烹,使原料精华尽出,原味不走,原汁不变,原形不改。

3. 苏锡菜

苏锡菜擅长烹制河鲜、湖蟹、蔬菜,口味趋甜,注重造型美观和色泽和谐,菜品新颖多姿,时令菜应时迭出,具有浓厚的江南鱼米之乡的特色。白汁、清炖风格独具,又善用红曲、糟制之法。菜肴风格高雅精湛。

(五)苏菜著名菜肴

苏菜的著名菜肴有:金陵三叉(即叉烧乳猪、叉烧鸭、叉烧鳜鱼)、盐水鸭、香料烧鸭、五柳青鱼、美味肝、凤尾虾、扬州三头(即清炖蟹粉狮子头、拆烩鲢鱼头、扒烧猪头)、三套鸭、鸡汁煮干丝、炒软兜、炒蝴蝶片、炮虎尾、水晶肴蹄、清蒸鲥鱼、松鼠鳜鱼、碧螺虾仁、无锡肉骨头、干炸银鱼、虾仁锅巴、鱼皮馄饨、荷叶鸡、葫芦鸡、叫花子鸡、冬瓜盅等。

四、川菜

川菜是四川地方风味菜。它不仅在国内烹饪领域中享有盛誉,在国际上更是为人瞩目。

(一)四川菜的历史概况

川菜起源于古代的巴国与蜀国,春秋时期已见萌芽,形成于秦汉时期。战国时,由于都江堰排灌水利工程的修筑成功,川西平原变成了千里沃土,是物富民殷的天府之国。当地丰富而独特的物产,为川地烹饪的发展奠定了雄厚的物质基础。东晋时期的《华阳国志》对当地的饮食习俗作过"尚滋味"、"好辛香"的评价,说明当时川菜的基本风格已经形成。唐宋时期川菜开始以其独特的风味赢得各地人们的赞美和称颂。许多名家诗文中都常见有对"蜀味"、"蜀蔬"、"蜀品"的赞美之词。在这一时期,川菜已开始流向全国许多大城市。宋人孟元老的《东京梦华录》和吴自牧的《梦翠录》等书,都记载了当时在北宋都城汴梁和南宋都城临安的市肆中,专门经营四川风味菜肴的餐馆、酒店。明清两代,川菜得以快速发展,烹饪技术也更加成熟完整。如清代乾隆年间罗江人李化楠所著的《醒园录》等书,曾系统地介绍了川菜的 38 种烹饪技法,还收集了部分食谱。到了清末,川菜的品种已经相当丰富。新中国成立后,川菜更得到充分的发展,成为一种影响很大的风味菜肴,品种也发展到 5000 种左右。如今川菜馆已遍及全国各地和世界许多国家、地区。

(二)丰富的原料资源

四川气候温湿,江河纵横,沃野千里,六畜兴旺,菜圃常青。得天独厚的自然条件和丰富的物产资源,对川菜的形成与发展,是一个极为重要而有利的条件。当地盛产粮油佳品,蔬菜瓜果四季不断,家禽家畜品种繁多,水产品也不少,如江团、肥沱、腊子鱼、鲟鱼、鲶鱼、东坡墨鱼、岩鲤、雅鱼、石爬鱼等,品质优异。山珍野味有虫草、竹荪、天麻、银耳、魔芋、冬菇、石耳、地耳等,还有许多优质调味品,如自贡井盐、内江白糖、永川豆豉、郫县豆瓣、德阳酱油、茂汶花椒、新繁泡辣椒等。

（三）烹调方法多种多样

使川菜得以迅速发展的一个重要因素,是广采博收其他地方菜肴的精华。历史上,各地人入川甚多,如秦汉时期的中原移民、历代派往治蜀的内地官吏、各地入蜀经商的商人,他们都将自己的饮食习俗、烹调技艺、名馔佳肴等带进四川,使川菜有机会吸收各地烹饪技艺的精华。

烹调方法丰富多样,是川菜的一大特点。早在清代乾隆年间见诸文字的,就有38种之多,如炒、煎、干烧、炸、熏、卤、泡、炖、焖、贴、醉、拌、烘、烤等,尤其擅长小煎小炒和干煸干烧。前者烹制时不过油,不换锅,用急火短炒,现兑芡汁,成菜嫩而不生,鲜香滚烫;后者采用小火慢烧,干煸成菜味厚不酽,久嚼酥香。

（四）调味变化多样

川菜的最大特点是调味变化的多样性,以口味多、广、厚著称,享有"一菜一格、百菜百味"的美誉。其口味主要有咸鲜、家常、麻辣、鱼香、姜汁、胡辣、甜香、荔枝、咸甜、五香、红油、蒜泥、椒麻、芥末、怪味、酸辣、椒盐、甜酸、香糟、酱香、豆瓣、陈皮、香辣等几十种,其中家常、鱼香、怪味、椒麻、麻辣诸味,是四川菜所独有的风味。川菜对辣味的运用,尤有独到之处。仅以辣椒制成调料品种,就有干辣椒、辣豆瓣、泡辣椒、水红辣椒、辣椒面、熟油辣椒、辣椒油等。川菜厨师对辣椒的使用方法灵活多样,远为其他菜系所不及。他们能根据菜品烹制的需要择善而用,如鱼香味用泡辣椒,因它除具丰富的辣椒素外,还具有四川泡菜的特殊风味;家常菜用郫县豆瓣,因其味醇正鲜香;宫爆鸡丁、陈皮牛肉等,则非用干辣椒不可,因其味香辣、炝入主料后有辣而不烈,富有回味的特点。红油鸡片,则需用辣椒油,因为它色泽红亮,香而微辣;麻婆豆腐,则需取郫县豆瓣和辣椒面并用,集两者之长于一菜;水红辣椒多用于干时菜,取其辣味清香。川菜对辣味的运用具有不燥、适口、有层次、有韵味等独特的风格。

（五）宴席及肴馔名品

川菜的高级宴席选料严谨,制作精细,调味清鲜,多用山珍海味配以时令鲜蔬,品种丰富,口味变化极多。川菜有重肥美、讲实惠、朴实无华的特点,如粉蒸肉、咸烧白、甜烧白、东坡肉和扣鸡、扣肉、扣鸭等"三蒸九扣"等常见的品种;大众便餐则丰富多样,以经济实惠为原则,口味多变,能适应各种层次的消费需要,如宫爆鸡丁、鱼香肉丝、麻婆豆腐、毛肚火锅、回锅肉、蒜泥白肉、干煸鳝鱼等风味菜肴;传统的民间小吃则风格独具,如赖汤圆、夫妻肺片、灯影牛肉、棒棒鸡、小笼牛肉、虾须牛棒、五香豆腐干以及龙抄手、担担面等,都是脍炙人口的美食。

五、闽菜

闽菜是福建地方风味菜的简称,由福州、泉州、厦门三方风味汇合而成,以福州菜为其代表。闽菜以烹制海鲜见长。其淡雅、鲜嫩、和醇、隽永和荤香不腻的风味特色,在中国众多的菜系中独树一帜。

(一)闽菜的历史概况

闽菜的风味特色形成较早,以擅烹海鲜、河鲜的历史最为久远。闽菜风味在其形成过程中,曾不同程度地受到京、粤、苏、杭等地烹调技术的影响。早在两晋南北朝时期,由于北方战乱的影响,大批移民入闽。其时由上层到下层,共形成三次移居入闽的高潮,这就是历史上所谓的"衣冠南渡"。大批移民的迁入,对闽地文化开发,社会经济繁荣,都有较大的促进作用。唐宋以后,泉州、福州、厦门等地先后成为对外贸易的商埠,四方商贾云集,各方饮食风味也就相继在闽地涌现。闽菜在良好的发展环境下,积极继承和发扬光大其优良传统,同时也大量吸取、广采博收各种风味菜系的菜肴精华和烹饪技艺,逐步形成精细、清淡、典雅的品格。清末民初,福州、厦门等地的饮食风尚日益讲究精美,并涌现出一大批富有地方特色的著名菜馆和技艺精湛的名厨。

(二)闽菜的原料概况

闽菜风味的形成,还与当地富饶的物产有着极其密切的关系。福建位于我国东南部,东临大海,西负众山,气候温和,雨量充沛,四季如春。山区林木参天,翠竹遍野,溪流江河纵横交错,海岸线曲折漫长,浅海滩湾辽阔优良。优越的自然地理环境,蕴藏着富饶而取之不尽的山珍海味。鱼、虾、螺、蚌、蚝、鲟等海鲜佳品常年不绝,闽地的蔬菜瓜果四季不断,尤以荔枝、龙眼、柑橘、橄榄、菠萝、香蕉等蜚声海内外,山林溪间还出产香菇、竹笋、银耳、笋干、莲子、薏米、雉、鹧鸪、河鳗、甲鱼、石鳞等名扬中外的山珍野味。

(三)闽菜的构成特点

福建各地的文化、经济、交通等方面的开发和繁荣先后不一,各地自然条件、出产的物品和民间饮食习俗的差异,使闽菜菜系中又形成了福州、闽南、闽西三个不同分支。其中福州菜是闽菜的主流,它在发展过程中受"苏杭雅菜"和"京广烧烤"影响较大。其菜肴特点是清爽、淡雅、鲜嫩,偏于酸甜,注重调汤,有"百汤百味"之誉。善于用红糟为作料,以防腐去腥,增香生色。闽南菜具有鲜醇、香嫩、清淡的特点,并以讲究调料、擅用香辣著称,在使用沙茶酱、芥末酱、橘汁、辣椒酱等方面,有独到之处。闽西菜具有鲜润、浓香、醇厚的特点,并以烹制山珍野味闻名于世,口味偏咸辣,尤其擅长使用香辣调料,富有浓郁的山乡气息。

(四)闽菜的总体风格特点

闽菜虽然分为三种风味,但其菜肴的总体风格还是基本一致的。它们主要表现在以下四个方面：

1. 刀工精巧，滋味丰富

闽菜向以刀工细腻严谨著称于世，但它不尚矫揉造作，而是在入味的前提下讲究细致入微的片、切、剞等刀法，并使原料大小相等，厚薄均匀，长短一致。其烹制后的滋味丰富，火候表里一致，成形自然大方。如闽菜名肴"荔枝肉"、"鸡茸金丝笋"、"淡糟香螺片"、"葱爆羊肉丝"等，都因刀工讲究而给人以剞花如荔、切丝如发、片薄如纸的美感。并且食之口味鲜美宜人，余味隽永。

2. 汤菜居多，讲究变化

闽菜多汤菜这一特点，是与烹饪原料与传统食俗口味要求有关。闽人喜鲜纯，以为汤菜最能体现原料的本质原味。因此，闽菜具有"重汤"、"无汤不行"的特点，而且有"一汤十变"的美誉，有的汤清似水，色鲜味醇；有的白如乳汁，甜润爽口；有的金黄澄澈，芳香馥郁；有的汤稠色酽，香浓味厚。著名的汤菜有：鸡汤氽海蚌、芋奶煨羊肘、香露金鸡、茸汤广肚、高汤鱼唇、灵芝恋玉蝉等。

3. 调味奇特，别具风格

闽菜调味偏于甜、酸、淡，这是由烹调原料多山珍海味所决定的。甜能去腥膻，故多用糖；酸则爽口开胃，故善用醋；淡可突出原料本味鲜纯，故少用盐，并以甜而不腻，酸而不峻，淡而不薄享誉于世。闽菜中以调味独特著称的名肴有：酸甜竹节肉、醉糟鸡、橘汁加力鱼、芥末鸡丝、白炒竹蛏、沙茶鸡块、煎糟鳗鱼、爆糟排骨、炝糟五花肉等。

4. 烹调细腻，雅致大方

闽菜在烹调技术上擅长熘、爆、炸、氽、焗、炒、蒸、煨、糟等方法，尤以炒、蒸、熘、糟、煨见长。其细腻的风格主要表现在选料精细，泡发适度，制汤讲究，调味精当，火候适宜。著名的代表佳肴有：佛跳墙、炒西施舌、清蒸加力鱼等。闽菜还擅长巧用原料的形态、色彩、质地的自然美，故有雅致大方的美称，如：龙身凤尾虾、白炒鲜竹蛏、生炒黄螺片等。

六、浙菜

浙菜是浙江菜的简称。它具有悠久的历史和丰富的品种，菜式小巧精致，菜品鲜美滑嫩、脆软清爽，在我国众多的地方风味中，占有重要地位。

(一)浙菜的历史概况

近年来，考古工作者在浙江余姚河姆渡一处新石器早期文化遗址发掘出了大量的食物遗迹和食具等，证明了早在远古时代浙江地区已经出现了利用自然资源进行简易烹调饮食生活的现象。春秋末年，越国定都会稽，使钱塘江流域的经济文化得到很大的发展，烹调技术也随之得到提高。南北朝以后，江南地区几乎连续数百年无大的战事，人民生活安定。京杭大运河的开通和宁波、温州两地海运的拓展,使当地的经济文化益显发达,人口剧增,商业繁荣,促进了烹饪饮食事业的发展。南宋建都临安后。北方的名门望族和劳动人民都大批南移入居杭州。他们带来的中原及北方的烹饪文化与当地原有的烹饪文化得以相互交流,从而推动了作为浙江风味菜的代表杭州菜的革新与发展。为了适应都会城市在政治和经济上的各种需要,杭州的饮食行业日益发达兴旺,烹饪技艺和风格迅速提高,名菜佳肴不断涌现。仅《梦粱录》卷十六"分茶酒店"一条内,就记载了当时杭州的诸色菜肴近300种。自南宋以后,全国的政治中心虽移至北方,但江南富庶的物质资源、发达的文化和繁荣的工商业仍保持其领先的地位和发展势头,所以烹饪文化也继续保持繁荣、发展的趋势,从而使浙江菜体系更趋完整和统一。明代慈溪名厨潘清渠的《饕餮谱》详细记载了浙江等地的400多种精美肴馔。这些有关饮食文化的记载,对推动浙江菜烹饪技艺的提高,促进浙江菜的繁荣发展,都起到了极大的作用。当今浙江的菜馆酒楼中推出的传统名菜名点,大抵由此而来。

(二)浙菜发展的自然地理条件

浙菜得以繁荣发展的另一个重要原因,是它拥有十分优越的自然条件和富饶的物产资源。浙江位于我国东部沿海,气候温暖多雨。境内北部为杭嘉湖平原,水网密布,土地肥沃,农牧渔业发达,四季时鲜蔬果不断;西部和南部为丘陵山地,林木葱郁,多产山珍野味;东南沿海地区,岛屿星罗棋布,其中舟山渔场是我国最大的渔场,出产各种经济鱼类和贝壳类水产品达500余种,盛产黄鱼、带鱼、墨鱼、海蜇、紫菜、淡菜等。浙江的著名特产也不胜枚举,如富春江鲥鱼、舟山黄鱼、梭子蟹、金华火腿、杭州四乡豆腐皮、西湖莼菜、吉安竹鸡、绍兴麻鸭、越鸡、黄酒、平湖糟蛋、天目山笋干等,为浙菜的烹饪提供了取之不尽的优质原料。

(三)浙菜的烹调特色

浙菜在长期的发展衍变过程中形成了自己独特的风格特色,选料讲究、烹饪独到,注重本味,制作精细。

1.选料讲究,恪守"细、特、鲜、嫩"的原则

细,即精细,注重选取物料的精华部分,以保持菜品的高雅上乘;特,即特产,注重应时应地选用特产,以突出菜品的地方特色;鲜,即鲜活,注重选用时鲜蔬果和鲜活现杀的海味河鲜等原料,以确保菜品的口味纯正;嫩,即柔嫩,注重选用鲜嫩的原料,以保证菜品的清鲜爽脆。

2.烹调技法多样

在烹调技艺上,浙菜常用的方法有20多种,最擅长的是炒、炸、烩、熘、蒸、烧等。在烹制河鲜、海鲜上也有许多独到之处。浙菜的炒以滑炒见长,烹制迅速;炸,讲究外松里嫩;烩,力求滑嫩醇鲜;熘,注重细嫩滑脆;蒸,讲究配料和烹制火候,主料做到鲜嫩腴美;烧,力求浓香适口,软烂入味。这些特点,都是受当地人民喜清淡鲜嫩的饮食习俗影响而逐渐形成的。

3．突出主料，注重配料，以纯真见长

浙菜还具有突出主料，注重配料，讲究口味清鲜脆嫩。主料的突出，必须有配料的衬托，而浙菜大多以四季鲜笋、火腿、冬菇、蘑菇和绿叶时菜为辅料相衬，使主料在造型、色彩、口味等方面都更加突出。如雪菜大汤黄鱼，以雪里红、竹笋为配料烹制，其汤味愈加芳香浓郁；清汤越鸡，以火腿、笋片、香菇、菜心为配料烹制，其汤更加鲜香诱人。

4．菜品造型精巧细腻，秀丽雅致

浙菜的菜品造型精巧细腻，秀丽雅致，这种风格特色，早在南宋时就已初露端倪，经过长期的发展衍变，今日的浙菜则更加讲究刀法和配色造型，其所具有的细腻多变的刀法和柔和淡雅的配色，深得各地美食家的赞许。

（四）浙菜的构成

1．杭州菜

浙江菜主要由杭州、宁波、绍兴、温州四方风味组成。

杭州菜名声最盛，是浙江菜的代表，它以爆炒、烩、炸等烹调技法见长，菜肴清鲜爽脆、淡雅精致，著名佳肴有龙井虾仁、西湖醋鱼、赛蟹羹、生爆鳝片、东坡肉、西湖莼菜汤、薄片火腿、沙锅鱼头豆腐、八宝豆腐、杭三鲜、干炸响铃、荷叶粉蒸肉等。

2．宁波菜

宁波菜擅长烹制海鲜，口味鲜咸合一，烹调技法以蒸、烤、炖见长，菜品丰富。讲究鲜嫩软滑，注重保持原味，色泽较浓。著名菜肴有雪菜大汤黄鱼、苔菜拖黄鱼、剥皮大烤、目鱼大烤、冰糖甲鱼、锅烧鳗、熘黄青蟹、奉化摇蚶、宁波烧鹅等。

3．绍兴菜

绍兴菜品香酥绵糯，汤浓味重，以烹制河鲜家禽见长，具有浓郁的山乡风味。另外，豆腐菜和以绍兴酒、酒糟烹制的糟菜也颇有特色。著名菜肴有糟鸡、糟熘虾仁、干菜焖肉、清汤鱼圆、绍兴虾球、头肚醋鱼、鉴湖鱼味、清蒸鳜鱼、绍兴小扣等。

4．温州菜

温州菜又称"瓯菜"，以擅烹海鲜知名，菜品口味清鲜，淡而不薄，烹调讲究轻油、轻芡，重刀工，即所谓的"二轻一重"。著名菜肴有爆墨鱼花、锦绣鱼丝、马铃黄鱼、橘络鱼脑、网油黄鱼、炸熘黄鱼、蒜子鱼皮等。

七、徽菜

徽菜又名"皖菜"。徽菜起源于黄山之麓的徽州，具有浓郁的地方风味特色。它以烹制山珍野味、河鲜鱼鳖及讲究食补见长。

（一）徽菜的历史发展概况

徽菜的起源、发展，与徽商的发展、兴盛密不可分。史称"新安大贾"的徽商，起于东晋，唐宋时期日益发达，明末至清中叶是其全盛时期。徽商人数之众，活动地域之大,经营范围之广,拥有资本之雄厚,均列全国商人集团之首,徽菜就是随着徽商的发展而完善起来的,并且随徽商不断扩大的经营之地而逐渐流向各地,足迹几遍天下。形成哪里有徽商聚集,哪里就有徽菜风味菜馆之势。

(二)徽菜形成的自然地理条件

徽菜的形成与发展,与安徽的自然环境、地理条件、经济物产、风尚习俗有着极其密切的关系。安徽位于华东西北腹地,长江、淮河由西向东横贯境内,黄山、九华山、大别山、天柱山等蜿蜒的山峦将安徽分划成皖南、沿淮、沿江三个自然区域。皖南山区奇峰叠翠,山峦相连;沿江之地丘陵起伏,溪湖众多;沿淮平原沃野千里,良田万顷;境内气候温湿,土地肥沃,四季分明,物产富饶。优越的自然环境和气候条件,为徽菜的烹饪提供了优厚的具有地方特色的物质基础。山区盛产竹笋、香菇、木耳、板栗和石鸡、马蹄鳖、鹰龟等山珍野味。沿江、沿淮以及巢湖等处,淡水鱼类资源丰富,如长江的鲥鱼、淮河的鳍王鱼、冰鱼,巢湖的银鱼,泾县的琴鱼,桐花河的桐花鱼以及三河蟹等,都是久负盛名的珍品。江南地区还盛产粮油蔬果、鸡鸭猪羊,著名特产还有萧县葡萄、涡阳苔干菜、太和香椿、屯溪青螺、怀远石榴、徽州雪梨、宣城蜜枣、南陵青果豆、歙县黄山药和黄山毛峰茶等。

(三)徽菜的构成

三个自然区域,构成了徽菜的皖南、沿江、沿淮三种地方风味。

1. 皖南菜

皖南菜起源于古代的徽州府,是安徽风味菜的主要代表。皖南菜在烹制技法上擅长烧、炖,十分讲究火工,习用火腿佐味、冰糖提解,菜肴芡大油重,朴素实惠,善于保持原汁原味。不少菜肴都是采用木炭火以微火长时间的炖、煿,并以原锅上桌,香气四溢,诱人食欲,体现了古朴典雅的风格。皖南菜的著名菜肴有:清炖马蹄鳖、黄山炖鸽等。

2. 沿江风味菜

沿江风味菜则擅长烹制河鲜、家禽,讲究刀工,注重菜肴造型和色泽,善于用糖调味,以红烧、清蒸、烟熏技艺著称。菜肴具有色泽鲜艳,鲜醇酥嫩,菜香清馨等特点。沿江菜的著名菜肴有:毛峰熏鲥鱼、无为熏鸭、清香砂焐鸡、生熏仔鸡、沙锅清炖八宝鸭、火烘鱼等。

3. 沿淮风味菜

沿淮风味菜在烹调技法上擅长烧、炸、熘等,善用芫荽、辣椒等配色佐味。菜肴有酥脆爽口、咸鲜微辣、汤汁浓重等特点。卤煮和白汁菜肴有独到之功。沿淮菜的著名菜肴有:符离集烧鸡、葡萄鱼、糯果鸭条、香炸琵琶虾等。

(四)徽菜的风味特色

徽菜的三种地方风味既各有特长,又具有许多共同的特点:选料严谨,就地取材,并注重食补的原则;用火巧炒,功夫独到,不仅能根据各种原料的特点,充分运用大、中、小火，而且还能运用几种不同的火候烹制同一种原料，并使之达到最为鲜美的境界；烹调技法多样，尤擅烧、炖。

八、湘菜

湘菜是湖南风味菜的简称。

(一)湘菜的历史发展概况

战国时期，诗人屈原曾被贬逐湖南，他对湖南的美味颇多好感，并曾在其名作《招魂》里对当地的许多美味赞扬备至。当时的《吕氏春秋·本味》中，也对湖南风味菜颇多赞美之词。到了汉代，湖南的烹饪技艺有了很大的发展。从考古成果中可以清楚地看到这一点。如1974年在长沙马王堆出土的西汉墓中，出土了一批竹简菜单，其中记录了103种当时的名贵菜品，以及九大类烹饪方法。墓中还发现了鱼、猪、牛等动物的遗骨，都有经过烹制的痕迹。此外还有盐、醋及酸菜等。六朝以后，湖南的政治、经济、文化日渐发达起来，饮食文化也同样得以发展。"东安鸡"、"怀胎鸭"、"龙女魁珠"、"子龙脱袍"等传统名菜相继问世，并流传至今。明清两代是湘菜发展的黄金时期。岳州、长沙开埠后，商旅云集，市场繁荣，当地的烹饪技艺得到了一个吸取和借鉴各地风味菜肴和烹饪技艺的良好时机。在这一环境下，湘菜的独特风格获得了长足发展。至清朝末年，湘菜这一风味菜系中已出现许多著名的烹饪流派，如戴派、盛派、萧派、组庵派等。这些流派相互竞争，又互取所长，从而加快了湘菜的发展步伐，使湘菜得以进入一个更加成熟的阶段。

(二)湘菜产生和发展的自然地理条件

湖南地处中南地区，气候温暖，四季分明，雨水充沛，山川遍布，水域发达。湘西山区盛产笋、雉、兔等山珍野味；湘东南的丘陵盆地，农、牧、渔业兴旺；湘北是富庶的洞庭湖、平湖，素有"鱼米之乡"之称。民谚有"湖广熟，天下足"的说法。又有宁乡猪、武冈鹅、桃源鸡、临武鸭、武陵甲鱼、君山银针、祁阳笔鱼、洞庭金龟、湘莲、银鱼、宝庆椒干、龙牙百合、长沙柑橘、湘西山笋、寒菌等特产，良好的自然条件，提供了众多的可烹原料。湖南多山，气候暖温潮湿，当地人们喜食辣椒，因为辣椒可以提热开胃，去湿祛风，故而形成了湘菜重辣味的风格特色。

(三)湘菜的风味特色

作为一方风味的湘菜，究其主要特点，共有以下三个方面。

1. 刀工精妙，形味兼备

湘菜的原料切配非常讲究刀法，其常用的基本刀法就有16种之多。这些刀法又能互相掺和使用，变化无穷。经湘菜厨师精心切制的菜肴，可以达到形态逼真，巧夺天工的境地，如"发丝百叶"，其丝细如秀发；"梳子百页"，其形酷似梳齿；"熘牛里脊"，肉片薄如宣纸；"金鱼戏莲"，其态栩栩如生；"菊花鱿鱼"，其形胜似盛开的菊花。湘菜的刀工除追求菜肴造型的美观外，还有"依味造型，形味兼美"之誉。

2．口味独特,偏重酸辣

湘菜在烹制时非常注重使原料充分入味,所用调味品的种类也极其繁多,其中有些是当地出产的质优味浓的特有调料,如"浏阳豆豉"、"湘潭龙牌酱油"等。湘菜调味风格可以酸、辣、咸、甜、苦等单味呈现,也可两味或多味寓于一菜之中。

3．烹调技法多样,尤擅煨燻

煨燻菜从成品的色泽上分,有"红煨"、"白煨";从调味上分,有"清汤煨"、"浓汤煨"、"奶汤煨"等种。煨燻菜讲究原汁原味,大都采用小火慢燻。

4．著名菜肴

湘菜的著名菜肴有:组庵鱼翅、红煨鱼翅、走油豆豉扣肉、油辣冬笋尖、红烧寒菌、红煨鲍鱼、清炖牛肉、腊味合蒸、酱汁肘子、红烧甲鱼、冬笋野鸭、冰糖湘莲、荷叶软蒸鱼、腊肉焖鳝片、炒腊野鸭条等。

(四)湘菜的构成

由于湖南地域宽广,各地物产及饮食习俗不尽相同,所以湘菜这一菜系中又有三种地方风味,即湘江流域风味菜、洞庭湖区风味菜和湘西山区风味菜。

1．湘江流域风味菜

湘江流域风味菜是湘菜风味的主要代表,流行于以长沙、衡阳、湘潭等地为中心的广大地区。它的主要特点是:用料广泛、制作精细、品种繁多、讲究实惠、油重色浓,口味以鲜、香、酸、辣、软、嫩为主,烹饪方法有煨、炖、腊、蒸、炒等。

2．洞庭湖区风味菜

洞庭湖区风味菜以烹制河鲜、家禽、家畜见长,具有芡大油重、咸辣香软的特点。炖、煮、烧、蒸是其擅长的技法,且喜用火锅上桌,民间则常以蒸钵置于泥炉上代替火锅,俗称"蒸钵炉子",边煮边吃,滚热鲜嫩,极助食兴,当地人嗜此至深,所以有民谣说"不愿进朝当驸马,只要蒸钵炉子咕咕嘎"。

3．湘西山区风味菜

湘西山区风味菜擅长烹制山珍野味,烟熏腊肉,口味偏重成香酸辣,有浓厚的山乡风味特色。

九、京津菜

京津风味菜,即北京市和天津市两地区所流行的风味浓郁的地方菜。

(一)京津菜的风味特色

概括来说,京津地方风味菜有以下几个特点。

1．注重时令,讲究食鲜

京津地区百姓十分重视节令食俗,什么节日吃什么,什么季节吃什么,皆有俗成,俗称吃"鲜"。《宝鉴》中记载:"立春日,都人做春饼,生菜,号春盘。"老百姓将猪肉丝、绿豆芽、细粉丝、嫩菠菜和韭菜一起烹制,用春饼卷了来食,妙不可言。夏季里,冻柿子、酸梅汤、杏仁豆腐、荷叶粥应时上市。津门"夏初鲥鱼、伏吃比目",应时到节,吃法独特。冬季来临,活鲤、铁雀、银鱼、黄韭、白菜及涮羊肉成为应季之食。《旧都百话》云:"羊肉馏子,为岁寒时最普通之美味,须于羊肉馆食之,此菜吃法,乃北方游牧遗风。"

2. 烹调细腻,讲究营养

京津风味菜在其发展过程中,形成了一套完整、细腻的烹调技法。炸、熘、爆、烤、勺扒、清炒独具特色,闻名于世。另外重视火候,巧用调料,又使京津风味菜既色、香、味、形俱佳,又营养丰富。如京菜中的"油爆双脆",主配料鲜明合理、经急火速烹,色味俱佳,极富营养。津菜中擅用姜汁、食醋,其目的一是去腥膻而增鲜美,二是保持脆嫩及营养素。这样烹制出的菜肴可以刺激食欲、帮助消化、散寒、驱虫、发育骨骼。因此津菜中的海河两鲜、飞禽野味,诱人食欲,美不胜言。

3. 突出本味,佐膳精妙

京津菜调味讲究,鲜咸适口,南北皆宜。其特征有两方面:一是京津菜中口味没有或很少有猛辛、猛酸、猛甜、猛咸、猛苦的刺激,中和之味多见,有"吃姜不见姜、吃葱不见葱"的古训;二是讲究原汁原味突出杂味。京津菜讲究吃鸡要品出鸡味来,吃鱼要尝出鱼鲜来,绝不能串味、有异味、怪味。另外京津菜巧用调料、佐膳精妙。津菜中巧用姜、醋,使海河两鲜增姿增色;京菜中的菜肴佐料极其讲究,不得有错。如"油爆肚仁"要蘸卤虾酱油才出味。"干炸丸子"没椒盐不香。食"清蒸全蟹"没有姜醋碟,吃不出鲜味。而涮羊肉必须备齐香菜末、葱白末、糖蒜、辣椒油、芝麻酱、红腐乳、卤虾油、韭菜花等,才能品出"五味调和百味香"来。

4. 宴饮有序,餐具考究

京津风味菜表现在宴席中,有两方面的特征。

其一是菜肴排列有序,菜与饮相映衬。无论是京菜中的宫廷御宴、谭家名席、庶民的婚丧嫁娶,还是津菜中的"八八燕翅全席"、"六四海参席"、"五碗四盘"等,都把宴饮设计当成一门艺术,从菜式、花色和口味上,都体现很深厚的社会生活哲理与艺术修养。就调味而言,一席之中,先冷后热,先菜后点,先咸后甜,先炒后烧,先清淡后肥厚,先优质后一般。佐酒也有说法:先上冷菜劝酒,次上热菜佐酒,辅以甜食解酒,配备饭点压酒,最后茶果醒酒。

其二是餐具考究,菜肴器皿合一。京津地区宴饮讲究菜肴的盛具,一席之中,冷热汤点各有盛器,鸡鸭鱼肉各有食具。如冷菜用碟,热菜用盘,汤菜用盆,点心用隔。鸡用鸡盅、鸭用鸭船、鱼用鱼池、肉用蒸碗等。另外不同档次的宴饮,配不同质地的器皿。低档用瓷,中档用铜,高档用银。菜用盘碗,酒用杯盅,很是讲究。

(二)京津菜的构成

1. 北京菜

北京久为帝都,是北方乃至全国的政治、文化中心。宫廷御厨、皇家膳房较为集中,烹饪技术较为发达。而且,作为"首善之区"的北京又是汉、满、蒙、回、藏等各族人民的汇集之处。为了满足皇室、官吏和各阶层社会人士的饮食需要,在饮食文化上就出现了荟萃百家,兼收并蓄的局面,从而形成了由本地风味和原山东风味、宫廷菜及少数民族菜构成的北京地方风味菜;北京菜的烹调方法以炸、熘、爆、烤、烧为主,口味以脆、香、酥、鲜为特色,其主要名菜有"北京烤鸭"、"糟熘鱼片""抓炒虾仁"、"炸佛手卷"、"白煮肉"等,"涮羊肉"在全国也享有盛誉。

2.天津菜

天津是全国重要港口之一,位于华北平原东端,南北运河相接的海河两岸,东临渤海,西扼九河。这里气候温和,四季分明,盛产海河两鲜。天津人爱小吃,重食俗,在不断总结自身饮食传统的基础上,逐渐吸取各地及京菜的精华,成为一个完整而独具特色的地方风味流派,名扬中外。天津菜包括汉民菜和回民菜,还有素席菜,尤以制作海河两鲜、飞禽野味见长,其烹调技法完备,以勺扒、清炒、软熘、油爆等著称。其口味以咸鲜清淡为主,兼有大酸大甜、小辣微麻,符合北方食俗。其代表菜有"挣蹦鲤鱼"、"炒青虾仁"、"元宝烧肉"、"软硬飞禽"、"酸沙紫蟹"、"煎烹大虾"等,别有风味,令世人称道。

十、上海菜

上海是国际大都会。是一个开埠 150 年的金融贸易中心,重要工业基地和进出口贸易的重要港口,也是各地人口聚集之地。不同饮食风俗的交融,造就了具有崇新、华彩、秀美的烹饪艺术风韵的上海菜。

(一)上海菜的形成和发展

从古文化遗址出土的文物证明,上海早在 4500 年前就进入文明时期。约在战国时期,四公子之一楚春申君就率人开凿了黄浦江。浦江文化从此始。1843年,上海被迫对外开埠,成为通商口岸之一。西方文化的侵入,各地商贾文人的会集,冲击着上海的文化,使上海的饮食文化发生了巨大的变化。为了给在上海生活的"外乡人"提供饮食,各地厨师纷纷涌入上海开设餐馆。有些餐馆为了能在上海立足,在继承传统的基础上,不断地创新,适应变化的消费需求。形成具有上海特色的各地方风味。到 20 世纪 40 年代前后,上海的饮食市场已形成本帮与京、广、川、扬、苏、锡、豫、闽、徽、湘、杭、宁、鲁、清真、素菜 16 种风味特色融于一地的格局。各地餐饮风味同样也吸收了南洋、西洋及各帮的烹饪特点,创制了既保持本帮特色又具上海风格的菜肴。上海广东菜,如戈渣蚝油牛肉、佛手上品奶是突出上海特色的广东菜;又如借鉴西菜烹制方法的烟鲳鱼、吉利明虾等深受食客喜爱。上海的川菜馆根据本地人的口味习惯与物质条件,对川菜进行了不同程度的改良创新,既保持川菜特色,又增添上海风格,口味南北皆宜,形成了千姿百态的海派川菜。

（二）上海菜的风味特色

1．用料广泛，选料严谨

上海菜选料注重活生时鲜、注重本味、刀工精细、造型巧妙。烹调方法多样，常用的有红烧、清蒸、生煸、油焖、川糟、煨、炖、炒等，口味突出，味浓而不油腻，清鲜而不淡薄。

2．刀工精细、造型巧妙、装盆典雅、口味清淡

上海的地理位置与经济文化特点迫使海派厨师不断创新出一些精巧别致，刀工精细的新菜点。一些知名度高的餐饮企业都是在保留原有味的基础上进行变革创新，如制作纯正上海菜的德兴菜馆和制作无锡菜的老正兴菜馆都在随时令季节而翻新；又如新雅粤菜馆经营的菜肴具有粤菜特色，又吸收其他风味的长处，形成了自成一体的海派广东菜。上海菜的秀美风韵，表现在烹饪的各个环节，而尤以刀工精细、造型巧妙、装盆典雅、口味清淡为最。从菜肴装盆看，分量少于北方，形态比南方讲究，色调搭配合理。海派菜的各种口味较温和，如海派京菜的咸味比北京菜略轻，海派川菜的麻辣味比川菜减少等。上海菜以其独特的艺术风韵屹立于烹饪之林，人们一经品味上海菜都为其艺术魅力所陶醉。

第三节　其他风味流派介绍

中国风味流派中除以上地方风味流派以外，还有素菜、官府菜、宫廷菜、市肆菜、民间菜等。

一、素菜

（一）素菜的发展历史

佛教传入中国后，逐渐对中国的哲学、文学、音乐、雕塑、美术及饮食等文化领域产生影响。佛教斋食开始流行，特别是梁武帝萧衍，曾作《断酒肉文》，反复强调食酒肉的危害，竭力主张素食。

中国原来就有"素食"的传统。先秦时期，人们在祭祀或举行重大典礼时，实行"斋戒"，其主要内容除更衣沐浴外，就是不吃荤菜，只吃素食，以表示对祖先、鬼神的崇敬。至南北朝时，中国固有的素食与佛教斋食又逐步结合起来。当时的"素食"品种渐多，在《齐民要术》中有专门篇章记载素食，书中共收录了葱韭羹、瓠羹、油豉、膏煎紫菜、蕹白蒸、蜜姜、酥托饭、焦瓜瓠法、焦菌、焦茄子等十多个品种。又据传说，江南地区还出现以面筋为原料的素食，从而使素食品种更加丰富。

唐宋时期，由于烹调技术日臻完美，植物油被广泛应用，豆制品大量增加，素食之风比前代更为兴盛，市肆素食兴起，品种日益繁多。北宋汴京已有专卖素食的大食店。从宋代素食店所卖食品来看，所卖的有下酒菜、下饭菜、各种素面，已能用

"乳麸"、"笋粉"等材料调配成花色繁多、各种食品俱全的素宴席，以供吃素人的宴会需要。素食店不仅专业化，而且有相当细致的分工，《梦粱录》中就载有饭店和点心店所经营的素食各有不同，这不仅反映当时社会素食的风气，还反映了烹调技术的精细，烹调技术的日益趋向专业化。

到铁烹近期，中国素菜在制作技术和数量上，又有很大发展，更加讲究素菜的色香味形及营养价值。同时，由于素菜品种的增多，风味的差异，此时出现了寺院、民间、宫廷素菜的分野，从而使素菜成为具有相对独立性的一大流派。

(二)素菜的类型

"素"字的本意是指白色的生绢，后引申为无酒肉之食。"荤"字原指葱、韭、姜、蒜等气味辛臭的菜，到唐宋，才指鱼肉类菜肴。素菜以植物原料为主，少油腻、较清淡为其基本特点，通常主要指用植物油烹制的蔬菜、豆制品、面筋、竹笋、菇类、耳类、藻类和时鲜果等。但各种宗教信仰认识不一，其所用原料也不尽相同，如部分信奉佛教、道教的寺观素菜，除不用动物性原料外，佛家所称的五辛(大蒜、小蒜、兴渠、慈葱、茗葱)与道家所称的五荤(韭、薤、蒜、芸苔、胡荽)等，都在禁用之列。

素菜以其食用对象来分，有三个种类。

1. 寺院素菜

寺院素菜又称"释菜"，其厨房则称"香积厨"，取"香积佛及香伍"之义。寺院素菜一般烹制简单，品种不繁，且有就地取材的特点。它最初只限于寺院内部食用，后来为方便香客就餐，有些较大的寺院香积厨就经营起素菜。在清代，已有众多寺院的素菜在社会上享有盛名。《清稗类钞》载："寺院庵观素馔之著称于时者，京师为法源寺，镇江为定慧寺，上海为白云观，杭州为烟霞祠。"寺院素菜的发展，对宫廷、民间的素菜影响极大。发展到现代，安徽安庆市迎江寺的素菜，就是以当地所产的黄豆为主料，加工制成千张、豆腐，以附近山区产的冬菇、黄花菜、木耳、玉兰片为辅料，配以应时蔬菜，精心烹制而成。

2. 宫廷素菜

宫廷素菜是专供帝王享用的，主要供帝王在斋戒时食用。它源于寺院和民间素菜，但在制法上有所改进和提高。到清代，御膳房下设有荤局、素局、饭局和点心局等，素局便是专门制作各种素菜的厨房。宫廷素菜的特点是制作精细，配菜有一定规格。一些专做素菜的御厨技艺精湛，能以面筋、豆腐等为原料做出200余种风味独特的素菜。这些素菜有的以赏赐的方式进入官宦人家，并辗转流传到民间。而清末以后，御厨流落民间，宫廷素菜的用料和制法进一步被民间掌握。

3. 民间素菜

民间素菜在铁烹近期也有很大发展，不论在家庭或市肆中，制作技术都日益精湛，市肆上还出现了许多较有名的素菜馆。如光绪年间，设在北京前门大街路西的素菜馆,以及其后的香积园、道德林、菜根香、全素斋、宏极轩等,均一度名满天下。为满足不同食客的消费需要,招揽生意,素菜馆在吸收宫廷、官府、寺院、家庭素菜制作方法的基础上创制出许多风味独特的菜肴,深受食客喜爱。直到现在,享有盛名的有天津的真素园、北京的全素斋、西安的素味香、济南的心佛斋等,都有自己独特的风味菜肴。

(三)素菜的特征

1．时鲜为主,清幽素净

清人李渔在《闲情偶记》中说:"论蔬食之美者,曰清,曰洁,曰芳越,曰松脆而已。不知其至美所在,能居肉食之上者,只在一字之鲜。"素菜款式常随时令而变化,就黄河流域来讲,春日的荠菜、芦笋、榆钱,初夏的蚕豆、梅豆,秋季的鲜藕、莲子,寒冬的豆芽、韭黄等应时佳蔬,无不馨香软嫩,素净爽口。

2．花色繁多,制作考究

素菜的品种和荤菜一样,也是花色品种繁多,既有凉拌,又有热炒;既有便餐小酌,也备高级宴席;既有花篮、凤凰、蝴蝶等花式拼盘,也有鼎湖上素、酿扒竹荪等名贵大菜。特别是一些象形菜,以真素之原料,仿荤之做法,达到名相同,形相似,味相近,表现出高超的技艺。如以土豆泥、豆腐衣为主料,辅以冬菇、春笋、卷心菜等,经煸、酿、炸等方法烹制的"醋熘黄鱼",有头有尾,不仅外形逼真,而且鱼体完整,可与荤"醋熘黄鱼"相媲美,酸甜适口,"鱼皮"酥脆,"鱼肉"香嫩,"鱼骨"又不会刺喉咙,堪称素菜中的极品。

3．富含营养,健身疗疾

素菜所含的营养素比较丰富。现代科学证明,蔬菜中富含水分、维生素、无机盐及纤维素,是膳食中维生素 A、维生素 C、核黄素和钙的主要来源。蔬菜中通常还会有丰富的粗纤维,有助于促进人体的消化和排泄。豆类食品含蛋白质丰富,特别是大豆,其蛋白质的氨基酸组成与牛奶、鸡蛋相近,铁、磷的含量丰富。各种菇类均含丰富的蛋白质、维生素和矿物质,是非常理想的健康食品。按照中国食疗理论,不少素菜有疗疾之功能。如豆腐"补虚清肺";木耳"治痣";银耳"补肾、润肺、生津、提神、益气、健胃、嫩肤";白果"敛肺定喘、止渴止带,熟食止小便频数"等。总之,素菜有其本身的合理性和优越性,其独特的风味正越来越被更多的人所接受、所喜爱。

二、官府风味

官府菜又称官僚士大夫菜,包括一些出自豪门之家的名菜。官府菜在规格上一般不得超过宫廷菜,而又与庶民菜有极大的差别。贵族官僚之家生活奢侈,资金雄厚,原料丰富,这是形成官府菜的重要条件之一。

(一)官府菜的特点

官府菜肴主要是由旧时官僚家中厨师制作并供官僚及其亲友享用的。这些达官显贵享有特权,生活富足,十分讲究饮食,加之相互间的攀比,使得官府菜具有制作奇巧、用料广博的烹饪特色。汉代以后出现了许多著名的官府家厨,如汉代郭况的"琼厨金穴",唐代韦陟的"郇公厨",段文昌的"炼珍堂",到明清时期,达官显贵的家厨急剧增加,他们技艺高超,各具特色,使官府菜达到鼎盛时期,形成了独特的风味流派。

(二)官府菜的主要代表

官府菜主要分为以下几种:孔府菜、东坡菜、云林菜、随园菜、谭家菜、段家菜。南京随园菜、曲阜孔府菜和北京谭家菜并称为中国著名的三大官府菜。

1. 随园菜

(1)随园菜概况。随园菜得名于袁枚所著的《随园食单》。袁枚不仅是一位诗人,还是一位具有丰富经验的烹饪学家,著有《随园食单》。这是清代一部系统地论述烹饪技术和南北菜点的重要著作。该书所载的名馔以当时的南京特色风味为主,兼收江、浙、皖各地风味佳肴和特色小吃共计 326 种。袁枚从大量的实践中总结出烹饪中既全且严的二十个"须知"(操作要求)和必须注意的十四个"戒单"(注意事项)。

随园原为曹雪芹家的私家园林,雍正五年(1727 年),其父曹頫遭免职,家产被抄,其园由皇上赏给新任江南织造隋赫德,故称"隋园"。乾隆十三年(1748 年),袁枚从隋赫德手中购得,并改"隋"为"随","同其音而异其义"。袁枚的随园既是花园又是烹饪原料基地,"除鲜肉、豆腐须外出购买外,其他无一不备,树上有果,地下有蔬,池中有鱼;鸡凫之豢养,尤为得法;美酿之储藏,可称名贵;形形色色,比购之市上更佳。有不速之客,酒席可咄嗟立办"。袁枚认为,厨师只擅长豪华的宴席,而不精于家常菜,是志大才疏;只精于常见菜肴的制作,而不能操办大型宴会,是技能差的表现。其家厨王小余既精于烹饪之道,又善于向他人学习,因而,凡他所制之菜,十步之外,闻其香味,没有不急于一尝为快的。随园菜以正确的烹饪理论指导,得天独厚的原材料,精湛的厨师技艺,再加上袁枚的身份、地位、才华的影响而名噪一时,成为东南诸省最有影响、最富特色的官府菜。

(2)仿随园菜。《随园食单》出版于乾隆五十七年(1792 年),颇受中外烹饪界的推崇,曾多次再版。1979 年,日本东京岩波书店将它译成日文出版。遗憾的是,近 200 年来,由于诸多的历史原因,随园菜几近失传。20 世纪 70 年代,"金陵厨王"薛文龙对《随园食单》产生浓厚兴趣,经过十多年孜孜不倦的钻研,将其中 100 多种菜肴加以挖掘整理,演绎创新,终于使"一物各献一性,一碗各成一味"的随园菜复活了。在担任金陵饭店总厨师长时,与他的同事、著名的美食家李恩华通力合作,并凭借现代旅游宾馆的有利条件,反复实验,细心揣摩,不断改进,终于使随园菜重新走上了南京的餐桌。

1991年秋,薛文龙到北京中外合资的国都大酒店任总厨师长,三次向中外宾客展示随园菜,艺惊四座,使他对自己的研究成果更加自信。次年,他将多年的研究成果整理成《随园食单演绎》。其结合当代人的生活习惯演绎创新的"鸡粥"、"锅烧肉"、"萝卜丝煨鱼翅"、"煨乌鱼蛋"、"熏肉"、"酱炒甲鱼"等100多个随园系列菜,不仅色、香、味、形充分体现了随园特色,而且在制作技巧、厨用器皿等方面也颇具新时代气息。

2．谭家菜

20世纪二三十年代,京华最出名的私家烹饪还有三大家,即军界的"段家菜",银行界的"任家菜",财政界的"王家菜"。而今,唯一流传下来的倒是产生于中小官僚家庭的谭家菜一门。

(1)谭家菜的历史。谭家菜也是官府菜中的佼佼者,由清末官僚谭宗浚所创制。据邢勃涛《谭家菜史话》介绍,广东人谭宗浚及其后代刻意追求饮食,重金礼聘京师名厨,学其烹饪技艺,成功地将广东菜与北京菜相结合而自成一派,20世纪30年代初,谭家菜已名噪京都,有"食界无口不夸谭"之说。操厨者是谭绿青的三姨太赵荔凤。开始时,谭家只在晚上举宴,每次两三桌,后来中午亦须备宴,且应接不暇。后来,在市面上吃谭家菜还有一个规矩,那就是请客者要把谭家请在内,不管与其相识否,都要给谭绿青设一座位,多摆一副碗筷,他就来尝上一口,品评介绍一番菜点,以此形式来表示"谭家并非饭馆"。新中国成立后谭家菜传人彭长海将此美味佳肴带到北京饭店,从此谭家菜饮誉中外。

时至今日,谭家菜被完好地继承了下来,并获得了新的发展。作为中国官府菜中的一个最突出的典型,谭家菜不仅赢得了许多国内外美食家的赞美,也引起了不少烹饪研究家的兴趣。从中国烹饪历史的角度说,谭家菜是一块活化石,为我们提供了一份研究清代官府菜的最完整而准确的资料。

(2)谭家菜的特点。谭家菜在烹饪上最大的特点之一是选料严格、调味讲究原汁原味,制作讲究火候足、下料狠,因而菜肴软烂、易消化。谭家父子在吃上历来是非常挑剔的,熊掌必须吃左前掌,据说这只掌是熊经常用舌头舔的,所以味道格外鲜美。鱼翅要选"吕宋黄",鲍鱼要选珍贵的紫鲍。

谭家菜有近200种佳肴,以海味菜最为有名,海味菜中又以燕翅席为最。吃燕翅席有专门的讲究,客人进门,先在客厅小坐,上茶水和干果,待人到齐后,步入餐室,围桌坐定,一桌10人。先上6个酒菜,如"叉烧肉"、"红烧鸭肝"、"蒜蓉干贝"、"五香鱼"、"软炸鸡"、"烤香肠"等,一般都是热上。接着,烫得热乎乎的上好的绍兴黄酒端上桌来,供客人交杯换盏。酒到二成,上头道大菜黄焖鱼翅。鱼翅软烂味厚、金黄发亮、浓鲜不腻,吃罢口中余味悠长。第二道大菜为"清汤燕菜"。上菜之前,侍者会为每位客人送上一小酒杯温水,以供漱口,因为这道菜鲜美醇酽，非净口后不能体味其妙处。接着上来的是鲍鱼，或红烧或蚝油，汤鲜味美，妙不可言。但盘中的原汁汤浆仅够每人一匙之饮，食者每每引以为憾。这道菜亦可用熊掌代之。第四道菜是"扒大乌参"。一只参便有尺许长，三斤重，软烂糯滑，汁浓味厚，鲜美适口。紧接着，第五道菜上鸡，如"草菇蒸鸡"。第六道菜上素菜，如"银耳素烩"、"虾子茭白"、"三鲜猴头"之类。第七道菜上鱼，如"清蒸鳜鱼"。第八道上鸭子，如"黄酒焖鸭"、"干贝酥鸭"、"葵花鸭"等。第九道上汤，如"清汤哈土蟆"、"银耳汤"、"珍珠汤"。最后一道菜为甜菜，如"杏仁茶"、"核桃酪"等。随后是"麻茸包"、"酥盒子"两样甜咸点心。至此，谭家菜燕翅席便告结束。热手巾揩面后，众人起座，到客厅，又上四干果、四鲜果，一人一盅云南普洱茶，醇厚爽口，饮后回甘留香。

3. 孔府菜

孔府菜由于孔府在历代封建王朝中所处的特殊地位而保全下来，是我国延续时间最长的典型官府菜。它是鲁菜的重要组成部分，是我国烹饪文化宝库中的瑰宝，在国内外享有盛誉。孔府菜是山东曲阜孔子直系后裔的府第中的馔肴。孔府饮食生活极为讲究，历来都设有外厨、内厨，分别承办着接待皇亲贵戚、近支族人的豪华宴会和家人平时的家常菜点，所制馔肴味形精美、营养丰富、风味独特。因孔府特殊的地位，较少受到朝代更替的影响，又因府内有一套管理饮膳的机构，孔府的饮食烹饪得以传承，并形成一套完善的饮食格局及系列菜谱。近几年来，随着旅游业的发展，孔府菜迅速发展，先后招待过30多位国家元首、政界要人及各国访华代表团，深受国际友人青睐。

（1）孔府菜的形成。中国封建社会，孔府既是公爵之府，又是圣人之家，是"天下第一家"。孔子的直系后裔，历代享受宠封，名高位显。历代统治者都把孔子的后裔封为"圣人"。特别是明清以来，"衍圣公"已官居一品，班列文官之首，享有携眷上朝之殊荣，一直过着锦衣玉食的生活。皇帝"朝圣"、祭祀活动频繁，皇室的成员每次来曲阜，孔府必以盛宴接驾。高官要员纷至沓来，孔府也要设高级宴席接待。在广泛的社会交际中，孔府菜从宫廷菜、南北方名菜中吸取了许多经验，加上过去孔府的内眷多来自各地官宦的大家闺秀，常从娘家带厨师到孔府来，厨艺互补，使孔府菜得以产生和发展，形成了一套独特的传统菜谱和烹饪方法。

孔府菜的形成与发展，主要是由于孔府的历代成员，秉承孔子"食不厌精，脍不厌细"的遗训，加之千百年来孔府名厨的潜心切磋，师承旧制，在继承传统技艺的基础上进行创新，从而逐渐形成了自成一格的孔府菜。

（2）孔府菜的特点。孔府菜用料广泛，做工精细，善于调味，烹调技法全面，尤以烧、炒、炸、扒见长。筵席礼仪庄重，讲究盛器，菜名寓意深远。有的取名古朴典雅，富有诗意，如"一卵孵双凤"、"阳关三叠"、"诗礼银杏"等；有的菜名则是管家、厨师投其所好，用以引人入胜，如"金钩挂银条"等；有的是用以赞颂其家世之荣耀或表达吉祥如意的,如"一品豆腐"、"带子上朝"、"合家平安"、"连年有余"、"吉祥如意"等,多是因人因事而易,取其吉祥之意,取悦宾客。孔府烹饪基本上分为两大类。一类是宴会饮食;一类是日常家餐。宴席菜和家常菜虽然有时互相通用,但烹饪是有区别的。孔府宴席用于接待贵宾、上任、生辰家日、婚丧喜寿时特备。宴席遵照君臣父子的等级,有不同的规格,分三六九等。

　　总之,孔府菜历时数千年,纵横南北中,兼收并蓄,博采众长,融宫廷饮食、贵族饮食、地方饮食、民间饮食、家庭饮食为一体,逐渐发展成为独具一格的孔府菜,经久不衰。可以说,孔府菜既是一种饮食活动,又是一种文化现象,是中国饮食文化史,乃至世界饮食文化发展史中绝无仅有的珍贵的文化遗产。

三、宫廷风味

　　宫廷饮食是中国饮食文化中最特殊的一部分,虽与平民饮食有着天壤之别,但也并非空中楼阁。这类菜肴是供奴隶社会王室和封建社会皇室享用的。早在商周时期,宫廷菜就讲究食必稽于本草,饮必合乎法度,注重五味调和、饮膳有序,产生了著名的品种"八珍"。从秦汉到唐宋,几乎一直遵循着周代的饮食礼仪和制度,入烹原料及菜品有很大增加。铁烹近期,蒙古族、满族先后入主中原,打破了元代以前汉族饮食独据宫廷的局面。元代虽然仍以汉族饮食仪制为主,但入烹原料中加大了羊肉的比重,并以之成为常用食物。而清代则更将满汉饮食融合,形成独具特色的风味流派。

　　宫廷菜指皇帝宫中所食的菜肴,也包括臣下的进献纳贡。宫廷菜供食对象主要是帝王及其家属(当然,也包括帝王赐臣下之食)。中国北方菜中宫廷菜始于先秦奴隶社会,其发展变化历经周代、西汉、三国两晋南北朝、隋唐、宋元明清等朝代的充实精选。形成了东方风味(与西方而言)的明显特色。至今有深刻影响的是北京仿宫廷菜和沈阳仿宫廷菜。

　　(一)选料严、加工细、烹饪精

　　宫廷御膳有条件聚集天下美食原料,将大批的地方特产选进宫中,作为贡品,献给皇帝,使宫中御厨在选料方面非常严格,为宫廷菜打下了坚实的基础。宫中饮食"食必稽于本草,饮必合乎法度"。四时季节变化,与烹饪选料结合起来,使宫廷菜更注意原料的时令性。从加工上讲,宫廷御厨一般都身怀绝技,对烹饪加工要求特别精细,菜品也非常精致。如"燕窝秋梨鸭子热锅"、"鸭子秋梨炖白菜"、"肥鸡葱椒鱼"、"鹿筋鹿肉脯"、"樱桃肉"、"抓炒虾仁"等。

　　(二)命名雅致,内涵丰富

　　宫廷太监、御厨等为讨好皇帝,经常给菜肴起个吉祥名字,有些则是后人附会出的典故,使宫廷菜的命名风雅别致、内涵丰富。如"雪夜桃花"、"宫门献鲤"、"红娘自配"、"贵妃鸡"、"樱桃肉"、"万字扣肉"等。宫廷菜从菜品的命名中,就显露出典雅和高贵,并具有浓厚文化色彩。

(三)讲究盛器和造型

皇帝饮食讲究食前品尝,其菜品不但好吃,而且还要有好的造型。美食和美器在宫廷菜中得到完美的统一。

四、市肆风味

市肆风味,主要指餐馆风味,是流行于各种酒家、菜馆、小吃店、食摊及各式外卖菜铺,由店家、摊主制作并出售的各式风味食品。

(一)市肆风味的历史沿革

春秋时期已有卖肉脯、酒、盐的店铺,但不太发达。至铁烹早期的魏晋南北朝时期,随着经济的发展,饮食市场也随之发展。据《史记》、《汉书》记载,西汉时通都大邑的食物原料市场相当繁荣,一些商人的经营规模很大。经营的商品远胜于铜烹时期,这也从另一面促进了饮食业的发展。

汉时的市肆饮食业,主要有酒店、菜馆、熟食店、饼店等。《汉书·栾布传》记载,汉初名将栾布,在昔日穷困时,就曾“卖庸于齐,为酒家保”。卓文君和司马相如,在临邛也开过酒馆。卓文君还亲自当炉,成为文学史上的一段佳话。魏晋南北朝时期,洛阳、建康、番禺等地饮食业的发展很快,如北魏时的洛阳,出现适应“四夷”口味的食店。

据《郡国志》载,隋炀帝为了向外宣扬声威,特意重修了店铺,整理了市容,市场内各种商品堆积如山,各店肆竞相装潢,以至于卖菜的店铺也用龙须席作衬垫。为了适应外国使者、商人、僧侣、文人学士和官吏取乐饮宴,唐长安还设有专门承办宴会的“礼席”,三五百人的酒席可以立即办好。其经营规模之大,也就可想而知。南宋时又出现了所谓“四司六局”,即专门办理有关筵宴、婚丧、庆吊等饮食事项的机构和专业人员,同时出现了专门经营租借宴会用具的处所,宴会上所需用的一切饮食器物不用自家购置。

铁烹近期,随着商业的发展和城市的增加,饮食市场也更加繁荣、兴盛,饮食店种类繁多,档次齐备。它们相互间激烈竞争,形成了市肆饮食市场的新格局。新中国成立后,特别是改革开放以来,随着国家经济实力的不断增长,生产的持续稳定协调发展,人民生活显著改善,已由温饱型逐渐向营养型过渡。与此同时,烹饪事业也得到了迅速的发展,饮食市场异常活跃,饭店、餐馆林立,食摊、夜市兴旺,一派欣欣向荣的景象,为广大群众提供了多层次、多品类的饮食享受。

这些不同种类、不同档次的市肆饮食风味构成了繁荣的饮食市场,对中国烹饪的发展起到了巨大的推动作用。

(二)市肆风味的特点

市肆风味的特点主要有以下几个方面。

1. 取材广杂

市肆风味广泛取用四面八方的原料。为满足不同意层次消费者的需要,上至天上飞禽,下至陆地动植食物,乃至海里一切可食之物无所不包。既可烹制街头小吃,也可烹制燕翅海参高档宴席。

2. 烹调方法全面而且有整合创新

由于市场需求及竞争机制的作用,市肆风味所使用的烹调方法最为全面,而且对新的烹调方法容纳性强、吸收主动、接受迅速,在此基础上不断创新、精益求精。

3. 既有鲜明的地方风格,又有独特的市肆特色

各菜系和地方菜的著名品种,都可成为市肆风味的主角。如常见的烤乳猪、宫爆鸡丁、黄焖鸡、冰糖肘子、杏仁豆腐、八宝鸭、糖醋鱼、酱牛肉、五柳鱼等都是市肆风味菜肴。

五、民间风味

(一)民间风味形成的历史沿革

民间风味即大众风味,指的是乡村、城镇居民家庭日常烹饪的菜肴,是中国烹饪生产规模最大、消费人口最多、最普遍、最常见的风味,是中国烹饪最雄厚的土壤和基础。从历史发展的逻辑上讲,一个地区民间风味的形成应早于其他风味的形成。在一定意义上说,民间风味是中国烹饪的根。当然,其他风味形成后又对民间风味有影响作用。中国民间风味经过漫长时期的发展演变,已经形成自己的独特风格。

(二)民间风味的基本特点

1. 取材方便

因为民间风味既无帝王官府的权势气派,也无市肆商贸之便利,只能就料烹饪。种植业发达的,取粮食蔬菜为料烹饪;养殖畜禽之地,以牛羊鸡鸭入料;水产资源丰富之处,常以鱼虾为料制菜。正所谓"靠山吃山,靠水吃水"。

2. 操作易行

民间风味所用烹调方法虽然很多,但普遍比较原始和简单,不刻意追求精致、细腻。

3. 调味适口

在中国,可以说哪里有人哪里就有民间风味。同为民间风味,但各自的具体特色却不相同。如江南民间习惯放糖提鲜,沿海地区喜用鱼露拌菜,四川喜用辣椒、豆豉调味等。各地形成的地方风味,也正是以民间形成的口味嗜好为基础而产生的。

4. 经济实惠,朴实无华

民间风味虽然也讲究菜肴的造型、装盘,但并不执著地追求表面的华彩,而是

实实在在。这是由人民大众的消费水平、消费习惯和消费心理所决定的。

当今中国的民间风味有两大类，一是地域分野，一是民族分野。以地域而言，大者可分南北，次者可分东北、华北、华东、华中、华南、西北、西南，再次者可分省（区），最小者可分县，甚至乡。一方有一方的风格，一地有一地的色彩。如广东的虾生鱼生、东北三省的白肉酸菜粉条、山东的煎饼大葱蘸酱、陕西的羊肉泡馍、山西的刀削面、四川的麻婆豆腐等等，均极富当地特点，而又名噪海内外。

思考与练习

1. 中国烹饪风味流派的形成因素有哪些？

2. 如何正确认识中国风味流派的划分？

3. 中国四大地方风味流派主要包括哪些菜系？各自的特点是什么？

4. 京津风味流派的特色是什么？其构成特点有哪些内容？

5. 何为素菜？如何对素菜进行分类？素菜的特点是什么？

6. 什么是官府菜？官府菜主要由哪些代表菜系构成？官府菜的特点有哪些？

7. 谭家菜的历史概况及其的特点是什么？

8. 什么是孔府菜？孔府菜的特点有哪些？

9. 什么是宫廷菜？宫廷菜有什么特点？请查阅资料，举例说明仿宫廷菜的发展现状。

10. 联系实际，说明你所在地的菜肴的风味特点，它属于本书中哪种菜系或风味？其形成主要受到哪种菜系影响？介绍当地的著名菜肴品种。

第六章

中餐宴席

宴席是人类创造的劳动成果,是中华民族饮食文明不可分割的部分,它既是物质形态,又是精神形态,与礼相连,与情相通,古今中外都是这样。"民以食为天",吃是人类文明的起点。宴席将饮食作为实施情、礼、仪、乐的一种形式,是隆重、正规的宴饮。

第一节　中餐宴席概述

一、宴席

宴席一词的产生是和古代居住情况分不开的。当时,居室内无桌椅,古人"跽"在地上,地上铺有物品,"铺陈曰筵,籍之曰席"(《周礼·春官·司几筵》郑玄注)。也就是说,先铺于地上的叫筵,加铺在上面的叫席。两者的区别是筵长席短,筵的制作材料较粗(蒲、苇等),席的制作材料较细。因为酒食是放置在宴席上的,即所谓"铺宴席,陈尊俎,列笾豆"(《礼记·乐记》),故久而久之,"宴席"就成了供人们聚食享用的成套食品的代名词。

二、中餐宴席的分类

由祭祖、礼仪、习俗等活动而兴起的宴饮聚会,大多要设酒席。中国宴饮历史及历代经典、正史、野史、笔记、诗赋多有古代宴席以酒为中心的记载和描述。宴饮的对象、档次与种类的不同,其菜点质量、数量、烹调水平有明显差异。

古今宴席种类十分丰富。著名的宴席有用一种或一类原料为主制成各种菜肴的全席,如全猪席、全羊席、全鱼席、全鸭席、素席等;有用某种珍贵原料烹制的头道菜命名的宴席,如燕窝席、熊掌席、鱼翅席、鲍鱼席、海参席等;也有以展示某一民族风味的宴席,如满席、汉席、满汉席等;还有以地方饮食习俗为名的宴席,如洛阳水席、四川田席等。在中国历史上,还出现过只供观赏、不供食用的"看席"。这种看席,是由宴饮聚会上出现的盘钉、高钉、看碟、看盘演进而来的,因其华而不实,至清末民初时逐渐消失。宴席常以选用的原料名贵与否,与烹制时的精工细作程度来区分档次的高低。高级宴席通常选用山珍海味,配以时令鲜蔬,菜肴款式丰富,讲究色、形、香、味、滋、器。普通宴席一般选用常见家畜、家禽和蔬菜为原料,菜肴经济实惠,适应一般消费水平。宴席的种类、规格及菜点的数量、质量都在不断发生变化。其发展趋势是菜点向少而精方面迈进,菜点制作将更加符合营养卫生要求,宴席菜单的设计将更突出民族特点、地方风味特色。

三、中餐宴席的特点

经过历代人的不断努力,宴席已区别于人们日常生活的饮食方式,由最初的简单形式,发展到现在具有聚餐式、规格化、礼仪性和社交性的正规形式。

(一)聚餐式

"举畴逸逸、酒食合欢",说的正是宴席的特点之一——聚餐式,它是指宴席的形式,是多人围坐,抒怀畅谈,愉情悦志的进餐方式。围坐者由主人、主宾和陪客组成,其中心人物是主宾,多为隆重聚会,有一定的目的。这种宴席菜品比较丰盛,接待礼貌热情。

(二)规格化

规格化指的是宴席的内容,任何宴席都要求菜品配套成龙,制作精细美观,餐具美观,仪式、进程井然有序,整个席面要考究,冷菜、热炒、大菜、甜菜、点心、水果等均按一定的程序和比例上桌,形成某种规格。

(三)礼仪性

礼仪性在宴席上最直接的表现就是食而有让,大家聚在一起,团团围坐,共享一席,融融之中,透出一团和气。

(四)社交性

社交性是指宴席的作用。"酒食所以合欢也",无论从历史的发展或现代实际情况看,宴席都是开展社交活动的一个重要工具,小至亲朋聚会,大至国家庆典,宴席都在增强气氛或增进友谊等方面发挥着特殊的作用。

第二节 中餐宴席的沿革

一、铜烹时期的宴席

对古代宴席的起源众说纷纭,有源于养老说,有源于祭祀说,有源于部落首领聚会说等等。比较而言,以源于养老说更具说服力。

我国原始部落中有尊老风尚,如食物分配老者优厚,氏族聚会又以老者为中心。到夏商周时,尊老之风仍在发扬,统治者以孝亲作为治国的手段。故《礼记·王制》中说:"凡养老,有虞氏以燕(宴)礼,夏后氏以飨礼,殷人以食礼,周人脩而兼用之。"可见都是用酒宴"养老"的。由此推断,中国在四千多年前已有宴席之萌芽。

除尊老、养老外,对天地、祖先、鬼神的崇拜也是宴席的成因之一。古人常举行祭天地、祖先、鬼神的活动。祭祀当有祭品,主要是食物。祭毕,就可以分食。而参加祭祀的人围在一起食用,就带有宴席的性质了。再如部落首领聚会,在一起聚饮,也带有宴席性质。

总之,中国宴席始于氏族社会后期,到夏商周已基本形成。这一时期宴席种类较多。殷商时有所谓衣祭、翌祭、侑祭、御祭等,与宴席密切相关。周代,乡饮酒礼、大射礼、婚礼、公食大夫礼、燕礼上均有宴席,礼节相当繁缛。至于周天子的饮食,也具有宴席的性质。

《楚辞》中也涉及宴席。《招魂》、《大招》中的两张食单,虽说与招亡灵有关,但实际上是楚国宴席的反映。其菜点、饭食、饮料的组合颇有章法,与中原地区的宴席食品组合已无甚区别。

二、铁烹时期的宴席

(一)铁烹早期的宴席

铁烹早期关于宴席发展的详细记载并不太多。但是,从一些出土的画像石及流传的诗文中仍可以看出这一时期宴席的大概情况。如在《史记》中提到的"鸿门宴","项王即日因留沛公与饮。项王、项伯东向坐。亚父南向坐,亚父者,范增也。沛公北向坐。张良西向侍"已可看出宴席座次的尊卑。当时许多地方的宴席格局大体一致,与铜烹时期相仿。汉乐府《陇西行》写过一操持门户的"好妇"宴客的情景,"请客北堂上,坐客毡氍毹",以及请客饮酒、吃饭、送客的描写。这里,客人坐北朝南,符合铜烹时期"在堂朝南尊"的礼数。魏晋南北朝时期,宴席虽循旧制,却也有所变化、发展,宴席名目增多。

(二)铁烹中期的宴席

铁烹中期不仅宴席的类型增多,而且由于高足桌椅的问世,出现了新的饮食场面,象征团结祥和的合食制,代替了昔日"举案齐眉"的饮食礼节,使饮食方式有了根本的变化。

隋唐五代,就不是前代那种一人一案的宴会了,而是众人围坐一桌有着合食气氛的宴会,但却不是真正的合食,食物还是一人一份。这确是一种既体现中华民族团结祥和精神,又讲究饮食卫生的饮食文化,值得继承效法。这时的宴席种类更加丰富。

1. 朝廷宴席

唐宋皇家与朝廷的宴会非常盛大,种类很多,如宴请番使、喜庆加冕、庆功祝捷、盛大节日等,都要举行大型宴会,且越来越频繁。这些活动,对于扩大内地与番邦的文化交流,加强兄弟民族之间的友好团结,巩固边疆,都起过良好的作用。唐代皇帝为了取乐,还有许多宴会,如唐玄宗的"临光宴"即是。据《影灯记》载,它是我国早期著名灯宴,对后世御宴有一定影响。宋代宫廷的宴会也不少,其中以宋皇的寿宴尤为著名,据《东京梦华录》载,这个大宴以饮九杯寿酒为序,把菜肴面点和琴瑟歌舞有机地结合起来,场面热烈,气氛隆重,赴宴者在两百人以上,演出超过千人,厨师和服务人员数千,可谓宋王室骄奢淫逸生活的写照。

2. 其他宴席

唐代有过"烧尾宴"、曲江宴。宋代也有进献皇帝的宴席,《武林旧事》载有张俊供奉宋高宗的御宴,摆设了 250 道菜点,可谓为了博得皇帝的宠爱,竭尽奢侈之能事。这一时期,官僚缙绅和士大夫们的宴会特别频繁。这类宴会有在酒楼举办的,也有在公衙或私宅举办的。还有依时令而设的宴席,如探春之宴。据《开元天宝遗事》载,唐代长安富人,每到伏暑多于林亭外植画栋,以锦桂为凉棚,为避暑令,其名"避暑宴"。因物而设的宴会,如唐代新科进士的樱桃宴。五代时,刘铢在席上设岭南红熟荔枝,把此宴叫做"红云宴"。当时洛阳还有"钱龙宴"和"双珠宴"。文人相聚而设的宴,也叫文酒会,此风源于晋,盛于唐。

(三)铁烹近期的宴席

铁烹近期,中国宴席进一步发展和成熟。随着社会经济的繁荣和民族的团结融合,宴席种类日益增多,礼仪格局更趋于烦琐,菜点制作技术更加高超,出现了众多的著名宴席。

1. 宴席的变化

这一时期,由于蒙古族、满族先后入主中原,各民族的饮食文化相互融合,使得宴席的烹饪特色发生了相应的变化。如元代的宴席,原料多用羊及羊奶,烹调方法多烧烤;清代的宴席则增加了猪肉菜肴与满族饽饽的比例,烹调方法多用烧烤和火锅。由于餐桌形状的改变,宴席的礼仪也有所改变。仅就宴席的座次而言,明代随着八仙桌的问世,便依据古代天子祭祖时神主的位次,将座位的尊卑进行严格的区分与排列,以坐西南向正东为首席。为了不致混淆,还专门有对号入座的"席图",供人使用。到清代康、乾时期出现了圆桌。它虽然比方桌、八仙桌更富团圆之意,但座次仍有尊卑之分。

明清时期,由于商业的繁荣,经济较为发达,尤其是康熙、乾隆年间达到封建社会又一鼎盛时期,人们更加追求饮宴的豪华与排场,宴席规模更加庞大,格局变化也更加烦琐、复杂。清代千叟宴一次便摆了八百余桌,满汉全席更是三天才能食完,极为烦琐、铺张。到清代末年,其格局有所简化,为当今宴席格局的最终形成奠定了基础。

2. 著名宴席

这一时期由于人们对饮宴的追求,加之宴席制作技术的日益精湛,使得当时的宴席极为繁多。元代北方少数民族王公贵族举行的高级宴席迤北八珍席是当时极负盛名的宴会。陶宗仪在《元氏掖庭记》中记载的元代宫廷盛宴有爱娇宴、浇红宴、暖妆宴、拨寒宴、惜香宴、恋春宴、夺秀宴、斗巧宴、爽心宴、开颜宴等。《明史》记载的明宫宴会有大宴、中宴、小宴、常宴之别,凡是立春、元宵、四月八日、端午、重阳、腊八日都要举行大宴,其他宴会更是频繁举行。清代的宴会更多,除著名的满汉全席,仅《清史稿》所记的就有定鼎宴、元日宴、冬至宴、凯旋宴、大婚宴、耕耤宴、宗室宴、外番宴、恩荣宴、千叟宴等。《清稗类钞》还记载了当时满族、蒙古族、哈萨克族、回族、藏族、苗族等民族的宴席。

第三节 中餐著名宴席

中国烹饪发展至今,形成了一些著名且影响深远的宴席名品和宴席文化,它对我们今天的饮食文化还有深刻的影响。而其他的历史上的著名宴席可作为文化资源,为中餐宴席的进一步开发提供宝贵的参考资料。

一、烧尾宴

烧尾宴是唐代著名宴会之一,专指士子初登荣进及升迁而举行的宴会。据《封氏闻见录》记载,唐代凡知识分子初次做官,或做官得到升迁,亲友部属前往祝贺,主人必须准备丰盛的酒席和音乐招待客人,同庆欢乐,谓之"烧尾"。另据《辨物小志》说,也有朝廷大臣被提拔升官或封侯,要献食于天下,也称"烧尾"。唐代的烧尾宴是人的身份发生变化后举行的重要仪式。

烧尾宴在唐代虽然是一种制度,但是朝廷官员并非人人遵奉,苏瑰就是这样一个朝官。《旧唐书·苏瑰传》说,景龙三年(709),苏瑰官拜尚书令右仆射,进封许国公时,独不向天子进献烧尾宴。当时,朝廷百官不仅嘲笑他,有的甚至为他的乌纱帽担忧,中宗皇帝也默然。面对这种情况,苏瑰向皇帝进谏说:宰相是辅助天子治理国家大事的,现在米粮很贵,百姓吃不饱,卫士们甚至三天没有吃的,臣虽不称职,也不敢献烧尾。中宗听了,也只好作罢,从此,朝廷的"烧尾宴"很少再举行。

《烧尾宴食单》是唐代食书,又名《韦巨源食谱》。唐代长安杜陵人韦巨源著。《烧尾宴食单》是韦巨源官拜尚书令左仆射时向唐中宗献"烧尾"的部分内容。此书收录于《唐人说荟》、《逊敏堂丛书》。该书记录奇异菜点 58 种,所列食品,名目繁多,水陆杂陈,既有饭、粥、糕、饼、馄饨、粽子等主食,又有用鸡、鸭、鹅、鱼、兔、牛、羊、猪、鹿、熊、狸、驴、鳖等烹制的菜肴。菜点名目下多有简注,或注所用原料和辅料,或记烹制方法。如"御黄王母饭"注称"遍镂卵脂盖饭面,装杂味";"生进二十四气馄饨"注称"花形、馅料各异,凡二十四种";"金银夹花平截"注称"剔蟹细碎卷";

"八仙盘"注称"剔鹅作八副"等,反映了当时宫廷贵族的饮食概貌和烹饪技艺,对研究唐代烹饪史有重要价值。

二、曲江宴

曲江宴是唐代著名园林宴会,因设宴地址在京城长安曲江园林而得名。唐代曲江园林位于今西安市东南6公里的曲江村一带。古有泉池,岸头曲折多姿,自然景色秀美。秦和西汉时,此地辟为御苑,建有离宫。东汉至南北朝,宫苑废毁,泉池犹存。隋初此地又被营造为皇家御园,引黄渠水入池,扩大了水域,浅水区广种莲花,并制造彩舟供人们泛游。曲江园林建有许多楼台亭阁,使曲江池成为长安风光最美的半开放式游赏、饮宴胜地。唐代在此处举行的例行宴会名目甚多,通称"曲江宴"。

(一)上巳节皇帝赐宴

此宴延续岁月较长,规模最大,尤以唐玄宗开元、天宝间景况最盛。唐玄宗时上巳节在此举行的宴会又分两类:一是皇帝赐群臣宴,即官宴。二是皇帝恩赐民人私宴。唐玄宗为标榜升平盛世,官民同乐,特许长安百姓及僧、尼、道士于此日来曲江园林赴宴游赏。唐玄宗酷爱乐舞,每年此日除允许百官各带家伎外,并令京城民间乐舞团体和皇家左、右教坊的乐工舞女来曲江演出助兴。因此,上巳节这天整个曲江园林,处处是筵场,处处是乐舞。

(二)新进士曲江宴

新进士曲江宴是唐代沿袭时间最长的例行游宴,由唐初赐落第举子宴演变而来。唐中宗神龙元年(705),废赐落第举子宴,改为赐新进士曲江宴。此制度一直延续到唐末,历200年之久。此宴在史籍和唐、五代诗文中,因取义不同,异名甚多。例如:因宴会时间在关试(吏部考试)之后,又称"三宴";因宴席设在曲江池西岸的杏园内,又称"杏园宴";唐代贵族多嗜樱桃,新进士宴时值暮春,樱桃刚熟,宴席必备樱桃供赏,又名"樱桃宴";宴会之后,进士们各奔前程,再无全员聚会的机会,又称"离宴"。

新进士曲江宴也是唐代曲江园林盛会。新进士除了在宴席间拜谢恩师、互叙年齿身世,交结新友以外,还要遍游曲江胜景,欣赏乐舞,最后到大雁塔仙迹瞻仰、提名。是日,居京的进士亲友必来庆贺;一些官员专来结识新贵,有的随带夫人、小姐们前来物色佳婿;商人则来展销奇货异物;还有更多的宦官、富人随带的年轻女眷目睹新进士的风采。因此,整个曲江园林,健马云集,乐舞动地。

新进士曲江宴席上的食品,除必备樱桃以外,其他酒肴品种,史无详细记载。不过,皇帝常令御厨特制宫中某种名食馈赠。

(三)裙幄宴

裙幄宴是唐代京城仕女们春日游曲江时举行的野宴。因选花间草地插竹竿、挂红裙作宴幄,故名。这种野宴风韵别致,筵间食品均为事先在家精心制作,以食盒盛装,带到曲江享用。仕女们对此宴兴致最浓,所制馔肴既讲味美,又讲形美,对唐代长安饮食文化发展所促进。

三、诈马宴

诈马宴是元朝宫廷或亲王在重大的政事活动时举行的宴会,又名簇马宴、质孙宴或者衣宴。诈马宴因赴宴的王公大臣穿戴皇帝赏赐的同一颜色的"质孙服"而得名。"诈马"是波斯语外衣的直译。"质孙"是蒙古语颜色的直译。质孙服是用穆斯林工匠织造的织金锦缎缝制的。

关于这一大宴的盛况,至元年间(1264~1294)的国史院编修周伯清在《诈马行》诗序中有所介绍。此外,《析津志·岁纪》还介绍过二月八日大都(今北京)迎佛之后举办此宴的全过程。诈马宴的问世,有着复杂的经济、政治、文化、军事、民族、风俗背景。包括以下几个方面。

(一)元朝统治者崇尚武功,喜爱狩猎,重视宴乐

举凡新皇即位、群臣上尊号、帝王寿诞、册立皇后和太子、元旦、祭祀、春搜秋作、诸王朝会等重大活动,均要举行诈马大宴庆贺,每年约计10余次,每次一般是3天。

(二)质孙服是分等级的

如天子质孙服,冬11等,夏15等;百官质孙服,冬9等,夏14等。质孙服按权位和功劳由皇帝赏赐。这是一种政治殊荣,没有质孙服就不能参加诈马宴。

(三)质孙服的色彩崇拜信仰,反映了蒙古王公的治国方针

由于在蒙古民族起源的传说中其始祖是苍狼与白鹿,蒙古族的传统宗教——萨满教又认为白有善的寓意,故而元代以白为吉色。质孙服也以白为贵。与此同时,红又是当时的国教——喇嘛教的颜色标志;黄象征着生养万物的土地;蓝代表青天和神明;青则与蒙古族的图腾——苍狼有关;绿在伊斯兰教中象征着和平,因此,质孙服有白、红、黄、蓝、青、绿诸色,在不同的场合分别使用。

(四)促进文化技术交流

制作质孙服的衣料织金锦缎是中亚、波斯著名的纺织品,由穆斯林工匠织造。质孙服上镶嵌的玉石、珠宝,也多由回族商人从西域等地贩来。这又说明元朝重视回民,丝绸之路依然畅通,与波斯、中亚之间有着密切的科学文化技术交流。一种宴席同时用波斯语、阿拉伯语、蒙古语、汉语命名,并流传下来,这在中国筵宴史上是绝无仅有的,因此很有研究价值。

四、文会

文会是古代文人借饮宴吟诗作文会友的一种方式,又称文酒会、文字饮。文会

一词出现在先秦,《论语·颜渊》中有君子"以文会友"的记载。秦汉时期,文会有所发展。到魏晋南北朝时期,文会相当风行。如曹操、曹丕、曹植父子就常和文人聚宴,留下不少佳话。曹植在《箜篌引》中描述了"置酒高殿上,亲交从我游。中厨办丰膳,烹羊宰肥牛"的文会情景。晋朝的王羲之在永和九年(353 年)三月三日,曾与当时的名士孙统、孙绰、谢安等 41 人在会稽境内的兰亭举行了一次名为"拔楔"的大规模文人集会。与会者曲水流觞,临流赋诗,各抒怀抱。王羲之在此写下了著名的《兰亭集序》。唐代文会更盛。李白、杜甫、白居易等诗人常和文友聚宴,留下许多佳作。如李白曾和 15 个文友"合宴于舟中",并诗酒唱和,欢聚了一整天。唐代以后文会之风未衰,直到清代还在盛行。

文会无固定程式,但大体有如下特点。

(一)追求高雅的环境和情趣

如王羲之等人的兰亭集会就是在"崇山峻岭、茂林修竹、清流激湍"的环境中举行的。据《开元天宝遗事》记载,唐玄宗时的文臣苏颋与李乂有一次在八月十五日晚于宫中直宿,"诸学士玩月,备文酒之宴。"当时"长天无云,月色如昼",苏颋便建议撤去灯烛,在月光下欢宴。

(二)把饮宴与交流诗文结合起来

文会的主旨是以文会友,饮宴只是手段,起调节气氛的作用。据《扬州画舫录》记载,清朝扬州的诗文之会常在玉玲拔山馆、豫园、休园中举行,"至会期,于园中各设一案,上置笔二,墨一,端砚一,水注一,笺纸四,诗韵一,茶壶一,碗一,果盒茶食盒各一。"另外有珍美酒肴供应。与会者诗写成后,可刻印出交流,还可听曲娱乐,气氛活跃。

五、孔府宴

孔府宴是山东曲阜孔府中所举办的各种宴席的总称。孔府为孔子嫡系后裔"衍圣公"的府第。在漫长的历史发展过程中,孔府为迎接钦差大臣、皇亲国戚以及举行祭祀、喜庆活动,曾举办各种宴席,并逐步形成制度,具有严谨庄重、讲究礼仪的风格。

(一)孔府宴的构成

日常宴席有家宴、喜宴、寿宴、便宴、如意席之分;迎宴官贵的宴席在清代有满汉席、全羊席、燕菜席、鱼翅席、海参席及九大件席、四大件席、三大件席、二大件席、十大碗、四盘六碗之别。这些宴席一般都是按四四制排定,如燕菜席,有四干果、四鲜果、四占果、四蜜果、四饯果、四大拼盘、四大件、八行件、四点心、四博古压桌、饭后四炒菜、四小菜、四面食。孔府最豪华的宴席是接待皇帝的"满汉席",至今在孔府还保存有一套清代制作的银质满汉席餐具,计 404 件,可上 196 道菜。

(二)孔府宴的特点

1. 菜肴丰富、风格独特

高档宴席要有显示主人高贵的当朝一品锅,以及以一品命名的菜肴,如:一品海参、一品豆腐之类。有寓意深刻的名贵菜肴,如:扒通天鱼翅、御笔猴头、神仙鸭子、八仙过海闹罗汉、带子上朝、怀抱鲤、一卵孵双凤、玉带虾仁等。乾隆皇帝到曲阜朝拜时,据孔府宴席费用记账称:"预备随驾大人席面干菜果品需银二百两。"又如咸丰二年八月,74代衍圣公夫人毕氏过生日——"太太千秋",摆宴席12天,共计464桌。宴席菜肴有名贵的山珍海味,像燕菜、熊掌、鹿筋、鱼翅、猴头、哈士蟆等;民间新鲜蔬果,像豆腐、香椿、豆芽、白菜、菠菜、瓜果等。烹调方法有烧烤、蒸焖、扒馏、炸炒,注重保持原形、原味、原色,质地或香酥、或鲜嫩、或醇厚、或软烂、或清爽,味道多变,鲜咸、甜酸、辛辣、甘香各不相同,体现了"食不厌精"的孔子古训。

2. 主题突出、装饰高雅

为了突出宴席主题,有时还要制作特殊的装饰品,以四高摆最富有特色。高摆用江米蒸熟做成圆柱形,外面用各种干果镶成图案和字形,每个圆柱体上镶字,摆在银盘内,四个高摆连用,放在宴席主席正面。祝寿用"寿比南山",结婚用"龙凤双喜"等吉言,显得高雅。

3. 宴席举办地点灵活多变

举办宴席地点也各不相同。平日少数近亲好友聚宴,是在西学院内的"红薯轩"、"安怀堂"举行。这里是中国传统的庭院建筑,回廊环绕,花木繁茂,幽雅安静。大型宴会多在"前上房"举行,这儿有正厅七间,是明代建筑,室内陈设豪华高雅,家具雕饰精美。房外画栋出廊,房前有一大戏台,四角放着四个带鼻的石鼓,是府内戏班唱戏时扎棚的脚石,有时宴席是与唱戏同时进行的。

六、国宴

国宴是国家元首或政府首脑为国家庆典或招待国宾来访而举行的招待会或正式宴会,分国庆招待会和欢迎宴会两种形式,具有招待规格高、礼节性强、程序要求严格等特点。

(一)现代国宴的类型

1. 国庆招待会

国庆招待会是由国家元首或政府首脑为国庆纪念日举行的正式招待会。党和国家主要领导人,党政军各部门负责人,各群众团体、民主党派负责人,无党派人士和社会各界知名人士,人民群众代表等出席。邀请届时在北京的国宾、重要外宾,各国驻华使节,港澳台同胞,外国专家和记者等参加。请柬、菜单及座位卡均印有国徽。宴会开始时要奏国歌,国家主要领导人发表重要讲话,席间有乐队演奏乐曲。

2．欢迎宴会

欢迎宴会是国家元首或政府首脑为欢迎来访的国宾举行的正式宴会。邀请外国的国家元首或政府首脑、主要随行人员、有关国家驻华使节等出席。请柬、菜单和座位卡上印有国徽，宴会厅内悬挂两国国旗。宴会开始时先奏对方国歌，然后奏本国国歌；主、宾先后致辞，席间有乐队演奏乐曲。

（二）宴会服务

国宴的服务要求十分严格。服务人员要有高度的工作责任心和娴熟的业务技能，遵守宴会招待服务规则，熟悉了解来访贵宾的喜好、忌讳及饮食特点。主桌要突出，大于其他桌面。国宴摆台与中餐宴会摆台基本相同。

（三）菜肴选择

国宴菜肴要根据宴会标准、人数、国宾的生活习惯、饮食特点、宗教信仰，同时兼顾季节、食品原料、营养、烹调方法、风味等因素进行科学设计。国宴通常是四菜一汤，另有一道冷菜和一道甜食，最后上水果。经过不断探索、改进、提高，已形成了具有中国宴会特色的中餐菜点为主、中西餐具并用，采用分食制、烹调操作方法讲究的国宴菜单。国宴菜点要求制作讲究，餐具美观整洁，气氛隆重热烈。

（四）国宴承办

20世纪50年代时，国宴大都由北京饭店承办。人民大会堂建立后，即多由人民大会堂承办，规模可达5000人。钓鱼台国宾馆建立后，部分国宴即由钓鱼台国宾馆承办，规模大的仍在人民大会堂举行。人民大会堂和钓鱼台均有红、白案齐全，中、西餐兼备的特级烹调师队伍，厨术高超，技艺娴熟。

七、船宴

船宴是设在游船上，食与游结合的一种宴饮形式。古代宫廷、宫府、民间均有船宴，现在仍可见于江南一些地方。

相传春秋时吴王阖闾曾于船上举行过宴饮。文字记载始见于唐代白居易《宴洛滨》的诗序。南宋时，都城临安（今杭州）民间已有供泛舟湖上宴饮的专业湖船。南京秦淮河船宴历史亦较悠久。至清代，顾禄《桐桥倚棹录》、李斗《扬州画舫录》都有苏州、扬州举行船宴的记载。

船宴上的菜点大多小巧精致，而且原料主要来自水产，注重美时、美景、美味、美趣的结合，有着浓郁的鱼米之乡情调。

船菜有清蒸闸蟹、油拖湖虾、母油船鸭、清炖河蚌、活水烧青鱼、酥炸藕夹、银鱼汤、莲子粥等，原料鲜活肥嫩，现取现烹，调制时大都施盐酱、原汁原味，清淡香美。船点主要是用熟米粉包裹各色馅心（如豆沙、玫瑰、枣泥、火腿、葱油、萝卜丝、橘子、香蕉之类），捏成鸟兽虫鱼、花果叶蔓的形态，蒸制或炸制而成，娇小可爱，口味各异、深得食客喜爱。

现在的船宴,以江苏无锡的太湖船宴较为知名。游船供应以太湖产银鱼、梅鲚、鱼、虾、菱、藕、茭白等制成的船菜。

八、冷餐会

冷餐会是以冷菜为主、热菜为辅,配以点心、酒水,设公用菜台,不固定座位,由出席者自行选用菜点的宴会形式。冷餐会分为两种,一种是设主宾席,一般为大圆桌,下摆小桌,每桌4～6座,不分座次,自取菜点酒水坐定后食用。另一种是不设主宾席,只设小桌,不备坐椅,自取菜点、酒水后站立进餐。冷餐会的特点是规格可根据主、客身份或宴请人数而定,隆重程度可高可低,可在室内或庭院里举行,主、客可以自由活动,多次取食,方便与会人士的广泛接触。冷餐会的举办时间一般在中午或晚上。

冷餐会原是西餐宴会形式的一种。20世纪初传入中国,30～40年代流行于上层社会,菜点主要是西餐。中华人民共和国成立后,有关部门成功地创办了中餐形式的冷餐会,得到各方人士的首肯。以后,中餐或中西餐形式的冷餐会被广泛应用于官方正式活动、节假日或纪念日聚会、展览会的开幕闭幕、各种联谊会、发布会,迎送宾客等场合,成为一种很受欢迎的宴会形式。

举行冷餐会时,所有冷菜、点心、酒水及餐饮具等均要在客人就餐前摆放在菜台和酒水台上。菜台设置要因地制宜,方便宾客取用,布置要整齐,有条理,需用花草或以瓜果、萝卜等原料雕刻的花卉、动物等装饰、点缀台面,主、宾致辞之后方可开始用餐和陆续上热菜,一般有三道热菜,多为两荤一素。不上汤。最后上冰激凌或水果。服务员可在冷餐会进行中适时整理、补充菜点,使之显得整齐、美观、丰满。酒水、冰激凌或水果可由服务员端送,供客人自选。

九、满汉全席

满汉全席是满汉两族风味肴馔兼用的盛大宴席,因其规模盛大,程序繁杂,用料珍贵,菜点繁多,满汉食兼有,又称满汉全席、满汉大席、烧烤席,是中国古代烹饪文化一项宝贵遗产。

(一)宴席沿革

清代初年,宫中行满食。据《大清会典》载:"康熙二十二年,始议准宫中元旦日改满席为汉席。"宫中始出现满汉全席并用的局面。乾隆年间,市肆上始有满汉合一的席面,多用于上司入境或新亲上门。据李斗《扬州画舫录》载:当时扬州上买卖街是乾隆下扬州时随从官员的驻所,上买卖街前后寺观皆为大厨房,以备六司百官食饮所办的满汉菜点达110种,集山珍海味之大成于一席。到清代末期,满汉席日益奢侈豪华,且风靡一时。各地也因京官赴任,使满汉席的格局广为流传,并逐渐融合一些当地的风味菜肴而成为各具特色的满汉全席,具有代表性的有北京、山东、江苏、四川、广州等地。因此,满汉席只有通行的格局,没有全国通行的食单。在不同时期、不同地区、不同场合,其规格程式、菜肴数量都有所不同。

（二）宴席特点

满汉席具有满汉两族风味肴馔兼用;程式繁、礼仪重;规格高、菜品多;排场大、席套席等特点。

1. 满汉两族风味肴馔兼用

各种满汉席的格局和席品的构成方面虽有一定的差异,但基本菜式一致。在用料上,多取汉食山珍海味,如燕窝、鱼翅、海参、鱼肚、鲍鱼、鲫鱼、驼峰、鹿筋、熊掌、果子狸等水陆八珍;在烹调技法上,重满食烧烤,如烧乳猪、烤鸭、哈尔巴(烤猪肘)、烤鱼等;在配组上,重满食的面点,如酥盒子、烧卖、蒸饺、蛋糕、包子、片饽饽等。

2. 程序繁、礼仪重

据《清稗类钞》载:酒过三巡,厨师与餐厅服务员着礼服而入。厨师捧烧猪,服务员当场解小佩刀切割猪肉,盛于器中,屈膝献于首座贵客。贵客举箸,其余与宴者方可起箸,典礼甚隆。满汉席菜点品分高装、四大件、八大件、十六碗、四红、四白、烧烤点心、随饭碗、随饭碟、面饭等种类,多以四件或八件为组依次上席,显得多而不乱、井然有序。

3. 规格高、菜品多

满汉席用料档次高,广而博,集山珍海味于一席。满汉全席的菜品丰富多彩、一餐不能尽食,要分多次进餐。有分全日进行的,即为午、晚、夜三餐吃;也有分两个晚上进餐的,还有分三天三次吃完的。

4. 排场大、席套席

排场大、席套席,并以名贵大菜领衔带出相应的配套菜品。席面一般都是按大席套小席的模式设计,将满汉全席的菜点分门别类,组成若干前后承接的席面,分层划列,依次推出,成为大席套小席,席席相连的排场。

十、全羊席

全羊席是以羊为主料制成的宴席。将整羊分解后,除毛、角、齿、蹄甲不用外,其余分别取料,适当添加配料,运用蒸、烹、炝、炒、爆、灼、熏、炸等技法,分别制成冷、热、汤、羹等各色菜肴,组成多种款式的全羊席,多见于中国北方地区。以满族、回族、蒙古族制作的全羊席历史最早,特点是规模大、菜品多、风味特殊,具有浓郁的民族特色。

全羊席最早见于《居家必用事类全集》记载的"宴席上烧肉事"菜单。《随园食单》、《清稗类钞》等书也都提到制作全羊席的技法。除少数民族制作全羊席外,汉族也有从唐代的"浑羊殁忽"演变、传承并吸收少数民族烹调羊肉的技法而成的全羊席。因地区不同，全羊席的格局也略有差异。满族地区的全羊席常用108种菜品，分成为3组，每组36道菜，36道菜又由6冷菜、6大件、24个熘炒菜组成。蒙古族制作的全羊席，则是分别取料煮后，复原拼摆成整羊型，以象征完整吉利。汉族全羊席多以四四编组排列菜点，分成四平碟、四整鲜、四蜜堆、四素碟、四荤碟、洋头菜(5组，20种并带点心)、各种羊肉菜(12组，58种)、八大碗、炸羊尾四碟，及四色烧饼、四面食、四小菜、四色泡菜等。

十一、全鸭席

全鸭席是以北京填鸭为主料烹制各类鸭菜组成的宴席，首创于北京全聚德烤鸭店。其特点是：一席之上，除烤鸭之外，还有用鸭的舌、脑、心、肝、胗、胰、肠、脯、翅、掌等为主料烹制的不同菜肴，故名全鸭席。

全聚德烤鸭店是一家以经营挂炉烤鸭为主的百年老店，开业初期，常将烤鸭时流出的鸭油做成鸭油蛋羹；将烤鸭片皮后较肥的部分切丝制成鸭丝烹掐菜；将片鸭后剩下的骨架，加入冬瓜或白菜熬成鸭骨汤，加上烤鸭，称为"鸭四吃"。后来这种围绕烤鸭，供应一些鸭菜的就餐方式，即成为全鸭席的雏形。随着全聚德业务的发展，厨师们将烤鸭前从鸭身上取下的鸭翅、鸭掌、鸭血、鸭杂碎等制成红烧鸭舌、烤鸭腰、烩鸭胰、烩鸭雏(鸭血)、炒鸭肠、糟鸭片、拌鸭掌等菜肴，名为"全鸭菜"。到20世纪50年代初，全鸭菜品种已发展到几十个。在此基础上，全聚德的名厨蔡启厚、王春隆、王学升、王明礼、陈守斌等对鸭子类菜肴不断进行研究、改革和创新，终于研制出以鸭子为主要原料，加上山珍海味，精心烹制的全鸭席。

全鸭席共有一百多种冷热菜肴可供选择。其上菜程序一般是先上下酒的冷菜，如芥末拌鸭掌、酱鸭膀、卤鸭脸、盐水鸭肝、水晶鸭舌、五香鸭等。随后陆续上四个大菜，如鸭包鱼翅、鸭茸鲍鱼盒、珠联鸭脯、北京鸭卷等；再陆续上四个炒菜，如清炸胗肝、糟熘鸭三白、火燎鸭心、芫爆鸭胰等；一个烩菜，如鸭汁双菜；一个素菜，如鸭汁双菜。上素菜，是为了清口，以做好品尝烤鸭的准备。随后，服务员端上挂炉烤鸭，给客人过目后，当场片鸭供客人食用。食罢烤鸭，再上一个汤菜，一般是鸭骨奶汤；一个甜菜，如拔丝苹果之类；几碟精美小巧的面点，如鸭子酥、口蘑鸭子包、鸭丝春卷、盘丝鸭油饼以及小米稀粥。最后上水果，全鸭席至此结束。

十二、燕翅席

燕翅席是以燕窝和鱼翅为主菜所组成的宴席，是中国宴席中比较著名的高档宴席，约始于清代乾嘉年间(1736～1820年)。当时习惯于以最为贵重的领头菜为宴席定名，如领头菜为燕窝，即称燕窝席，领头菜为鱼翅，即称鱼翅席。其特点是围绕精工细作的领头菜燕窝、鱼翅，以鲍鱼、海参、鸡、鸭、鱼、肉等菜品相衬，选料以海味为主，烹调上注重色、香、味、形。

燕翅席极讲究上菜程序及礼仪。客人进门，先在客厅小坐，上茶水和干果。客齐后步入餐室，围桌坐定。先上酒菜，如叉烧肉、红烧鸭肝、蒜蓉干贝、五香鱼、软炸鸡、烤香肠等，一般都是热上，同时上烫热的绍兴黄酒。喝到二成，上头道大菜鱼翅，或黄焖、或红烧、或清炖、或沙锅。鱼翅要做得软烂味厚，浓鲜不腻。第二道大菜为燕菜，可咸可甜，咸者可以鸡鸭汤炖之，称清汤燕菜，可掺以火腿丝、笋丝、鸡丝，称为三丝燕菜；甜者可以仅用冰糖清炖，或蒸鸽蛋置其中。燕菜珍贵清鲜，为更好品尝之，上菜之前，要为每位客人送上一小杯温水漱口。随后可上鲍鱼、海参、鸡、鸭、鱼、素菜、羹汤、甜菜等，并随上 2~3 样甜咸点心。最后，上热毛巾揩面，起座至客厅，再上四干果、四鲜果，一人一盅普洱茶或铁观音茶，作为全席殿后。此为燕翅席的大致程式，或可更丰盛些。主菜以外的菜点档次、数量，上菜程序等，可因主、客的不同需要而随机调整。

第四节 中餐宴席礼仪

一、宴席上菜的程序与方法

(一)上菜的程序

各地饮食习惯有所不同，形成了多种上菜程序。袁枚的《随园食单》中曾有这样的记载："上菜之法：咸者宜先，淡者宜后；浓者宜先，薄者宜后；无汤者宜先，有汤者宜后。……度客食饱，则脾困矣，须用辛辣以振动之；虑客酒多，则胃疲矣，须用酸甘以提醒之。"中餐宴席上菜的程序和方法，正是按此理论安排上菜程序的，一般是先凉后热，先质优后一般、先咸后甜、先味浓后味淡。素有凉菜劝酒，热菜饮酒，面食压酒，甜菜解酒，水果醒酒的说法。

类别不同的宴会，由于菜肴的搭配不同，上菜的程序也不尽相同。如燕、翅、海参、鱼肚、全鸭、全羊等宴席和满汉全席、孔府家宴等，均有一套相对固定的上菜程序。一般说来，宴席中的头盘热菜最为名贵，应安排先上，主菜上罢，顺序上炒菜、大菜、饭菜、甜菜、汤、点心、水果。也有特殊情况，如全鸭席，大菜北京烤鸭安排在最后上，称为"千呼万唤始出来"。再如上面食、点心的时机，各地习惯也不尽相同，有的是在宴席将要结束时，有的则在宴席进行中上，有的在宴席中间要上两次点心，有的一次上一道点心，有的一次上两道，有的甜、咸点心一齐上，有的则分开上。

(二)上菜的方法

上菜时，左手托盘，右手端菜，从客人左边端上。对每道新上的菜要摆在席道，即摆在第一主人和宾客面前，将未吃完的菜移向副主人一边，以下几道菜依次进行，并防止出现空盘、空台的不礼貌现象。上菜时要特别注意，按照我国的习俗，上整鸭、整鸡、整鱼时，素有"鸭不献掌，鸡不献头，鱼不献脊"的说法，具有图案造型的菜肴,菜肴图案的正面应朝向主宾。

客人食完后应从右侧撤换餐具,但要注意撤前应看客人是否已吃完,切忌客人正在食用时撤盘。一句话,合理的上菜程序,良好的服务态度、精美的菜肴名酒是圆满完成一次宴会不可缺少的三大要素,三者缺一不可。

二、宴会的时间与节奏

凡是宴会都是在一定的时间中进行的,都有着一定的节奏。任何一次成功的宴会,都是在厨师与服务员的密切配合、协调一致的前提下完成的。正式宴请,客人到达之前,服务员要整好服装,守候在门厅,客人到时,主动迎接,热情有礼,根据客人的身份和年龄给予不同的称呼,请客人到客厅休息,安放好客人物品,并帮客人把帽子、外衣挂好。在此过程中,注意观察与识别主人、主宾,或者主动向组织者询问。客人到齐后,服务员主动征询主人是否开席。经同意后,即引导客人入席。

(一)宴会的时间

凡正式宴请的宴会时间多掌握在一个半小时左右。因为宴会活动只是一种社交手段、礼节礼仪活动,时间不宜过短,也不宜太长,若时间过短,则宴饮不充分,令客人有逐客的感觉,显得很不礼貌。时间过长则显得拖泥带水,疲疲沓沓。

(二)宴会的节奏

在宴会时间确定的前提下,要掌握好宴会的节奏。宴会一开始,客人喝酒品尝冷菜,节奏往往比较缓慢,待酒至三成,则开始上热菜,随着热菜的上席,宴会的节奏逐步加快,进入高潮,主菜上席之时,往往就是宴会的最高潮。上菜的节奏亦应不快不慢,过快会使席面上盘堆碗叠,过慢又会给客人空当候菜的感觉。当菜品上至最后一道时,服务员应低声告知副主人:"菜已上齐,还有一道汤"。这样便提醒客人准备干杯吃饭了。

宴会快要结束之时,服务员应迅速撤去盘、碗、碟、筷、杯等,换上干净的布碟,接着端上水果,同时递上热毛巾,并做好送客的准备。

三、宴席席位的安排

我国传统宴席的座位,习惯上有"上首"、"下首"之分,也有"首席"、"席口"之别。

正式宴请,每位客人座位前均放有席位卡,通常称作"名卡"。卡片上标有赴宴者的姓名,以便于对号入座。座次的安排一般是按照赴宴者的身份来定,"名卡"上仅标有姓名,不标明身份。席位的传统安排方法是主宾在上首(首席)、主人在下首(席口),两侧为陪客。餐厅有大有小,餐桌摆放的数目不一。雅座通常只摆一至二席,宴会厅则可根据其大小适当安排,少则三四桌,多则上百桌。餐桌的具体摆放方法,可视具体情况而定。

第五节 宴会菜肴的配组

一、宴席菜点的构成

(一)冷菜

冷菜又称"冷盘"、"冷荤"、"凉菜",是相对于热菜而言。形式有:单盘、双拼、三拼、什锦拼盘、主盘加围碟。

1.单盘

单盘一般使用5~7寸盘,每盘只装一种冷菜,每桌宴席根据规格设六、八、十单盘(西北方习惯用单数)。单盘造型、口味较多,是宴席中最常用的冷菜形式。

2.拼盘

每盘由两种原料组成的冷菜叫"双拼";由三种原料组成的叫"三拼";由十种原料组成的叫"什锦拼盘"。乡村举办的宴席多用拼盘形式。现今饭店举办的中、高档宴席以单盘为主。

3.主盘加围碟

主盘加围碟多见于中、高档宴席冷菜。主盘主要采用"花式冷拼"的方式,花式冷拼的设计要根据办宴的意图来设计。花式冷拼不能单上,必须配围碟上桌,没有围碟陪衬花式冷拼显得虚而无实,失去实用性,配围碟可以丰富宴会冷菜的味型和弥补主盘的不足。围碟的分量一般在100克左右。

4.各客冷菜拼盘

各客冷菜拼盘是指为每个客人都制作一份拼盘,较好地适应了"分食制"的要求。

(二)热菜

热菜一般由热炒、大菜组成,它们属于食品的"躯干",质量要求较高。

1.热炒

热炒一般排在冷菜后、大菜前,起承上启下的过渡作用。

(1)菜肴特点:色艳味美、鲜热爽口。

(2)选料:多用鱼、禽、畜、蛋、果蔬等质脆嫩原料。

(3)烹调特点:旺火热油、兑汁调味、出品脆美爽口。

(4)烹调方法:炸、熘、爆、炒等快速烹法,多数菜肴在30秒到2分钟内完成。

2.大菜

大菜又称"主菜",是宴席中的主要菜品,通常由头菜、热荤大菜(山珍、海味、肉、蛋、水果等)组成。

(1)菜肴特点:原料多为山珍海味或其他高档原料的精华部位,一般是用整件或大件拼装,置于大型餐具之中,菜式丰满、大方、壮观。

(2)烹调方法:主要用烧、扒、炖、焖、烤、烩等长时间加热的菜肴。

(3)出品特点:香酥、爽脆、软烂,在质与量上都超出其他菜品。

(4)在宴席中上菜的形式:一般讲究造型,名贵菜肴上席随带点心、味碟,具有一定的气势,每盘用料在 750 克以上。

3.头菜

头菜是整桌宴席中原料最好、质量最精、名气最大、价格最贵的菜肴。通常排在大菜最前面,统帅全席。配头菜应注意以下几个方面。

(1)头菜成本过高或过低,都会影响其他菜肴的配置,故审视宴席的规格常以头菜为标准。

(2)鉴于头菜的地位,故原料多选山珍海味或常用原料中的优良品种。

(3)头菜应与宴席性质、规格、风味协调,照顾主宾的口味嗜好。

(4)头菜出场应当醒目,结合本店的技术长处,器皿要大,装盘丰满,注重造型,服务员要重点介绍。

(三)甜菜

甜菜包括甜汤、甜羹在内,指宴席中一切甜味的菜品。

1.甜菜品种

甜菜的品种较多,有干稀、冷热、荤素等,可根据季节灵活搭配。

2.用料

甜菜的用料广泛,多选用果蔬、菌耳、畜肉蛋奶。其中,高档的有冰糖燕窝、冰糖甲鱼、冰糖哈士蟆;中档的有散烩八宝、拔丝香蕉;低档的有什锦果羹、蜜汁莲藕。

3.烹调方法

甜菜的烹调方法多种多样,有拔丝、蜜汁、挂霜、糖水、蒸烩、煎炸、冰镇等。

4.作用

甜菜有改善营养、调剂口味、增加滋味、解酒醒目等作用。

(四)素菜

素菜品种较多,多用豆类、菌类、时令蔬菜等。上菜的顺序多偏后。

1.素菜入席时注意事项

一要应时当季,二须取其精华,三要精心烹制。

2.烹调方法

视原料而异,可用炒、焖、烧、扒、烩等。

3.作用

改善宴席食物的营养结构,调节人体酸碱平衡,去腻解酒,变化口味,增进食欲,促进消化。

(五)席点

1.宴席点心的特色

注重款式和档次,讲究造型,玲珑精巧,观赏价值高。

2.点心的安排

一般安排2~4道,随大菜、汤品一起编入菜单,品种多样,烹调方法多样。

3.上点心顺序

一般穿插于大菜之间上席。

4.配置席点要求

一要少而精,二须闻名品,三应请行家制作。

(六)汤菜

汤菜的种类较多,传统宴席中有首汤、二汤、中汤、座汤和饭汤之分。

1.首汤

首汤又称"开席汤",在冷盘之前上席。

(1)用料。用海米、虾仁、鱼丁等鲜嫩原料用清汤氽制而成,略呈羹状。

(2)特点。口味清淡、鲜醇香美。

(3)作用。用于宴席前清口爽喉,开胃提神,刺激食欲。

(4)变化。首汤多在南方使用,如两广、海南、香港、澳门。现北方一些宾馆也在照办,不过多将此汤以羹的形式安排在冷菜之后,作为第一道菜上席。

2.二汤

二汤源于清代。由于满族宴席的头菜多为烧烤,为了爽口润喉,头菜之后往往要配一道汤菜,在热菜中排列第二而得名。如果头菜是烩菜,二汤可省去;若二菜上烧烤,则二汤就移到第三位。

3.中汤

中汤又名"跟汤"。酒过三巡,菜吃一半,穿插在大荤热菜后的汤即为中汤。中汤的作用是消除前面的酒菜之腻,开启后面的佳肴之美。

4.座汤

座汤又称"主汤"、"尾汤",是大菜中最后上的一道菜,也是最好的一道汤。座汤规格较高,可用整只(条)的鸡、鱼,加名贵的辅料,制成清汤或奶汤均可。为了区别口味,若二汤是清汤,座汤就用奶汤,反之则反。座汤用品锅盛装,冬季多用火锅代替。座汤的规格应当仅次于头菜,给热菜一个完美的收尾。

5.饭汤

饭汤是宴席即将结束时与饭菜配套的汤品,此汤规格较低,用普通的原料制作即可。现代宴席中饭汤已不多见,仅在部分地区受欢迎。

(七)主食

主食多由粮豆制作,能补充以糖类为主的营养素,协助冷菜和热菜,使宴席食品营养结构平衡。主食通常包括米饭和面食,一般宴席不用粥品。

(八)饭菜

饭菜又称"小菜",专指饮酒后用以下饭的菜肴,具有清口、解腻、醒酒、佐饭等功用。小菜在座汤后入席,不过有些丰盛的宴席,由于菜肴多,宾客很少用饭,也常常取消饭菜;有些简单的宴席因菜少,可配饭菜作为佐餐小食。

二、宴席菜肴的组配方法

(一)核心菜点的确立

核心菜点是每桌宴席的主角。一般来说,主盘、头菜、座汤、首点,是宴席的"四大支柱";甜菜、素菜、酒、茶是宴席的基本构成,都应重视。头菜是"主帅",主盘是"门面",甜菜和素菜具有平衡营养及醒酒的特殊作用;座汤是最好的汤,首点是最好的点心;酒与茶能显示宴席的规格,应作为核心优先考虑。

(二)辅佐菜品的配备

核心菜品一旦确立,辅佐菜品就要"兵随将走",使宴席形成一个完美的美食体系。辅佐菜品,在数量上要注意"度",与核心菜保持 1:2 或 1:3 的比例;在质量上注意"相称",档次可稍低于核心菜,但不能相差悬殊。此外,辅佐菜品还须注意弥补核心菜肴的不足。

(三)宴席菜单的编排顺序

一般宴席的编排顺序是先冷后热,先炒后烧,先咸后甜,先清淡后浓重。传统的宴席上菜顺序的头道热菜是最名贵的菜,主菜上后依次是炒菜、大菜、饭菜、甜菜、汤、点心、水果。现代中餐的编排略有不同,一般是冷盘、热炒、大菜、汤菜、炒饭、面点、水果,上汤表示菜齐。

总之,宴席的设计应根据宴席类型、特点和需要,因人、因事、因时而定。

三、影响宴席菜点组配的因素

宴席菜点组配是指组成一次宴席的菜点的整体组配和具体每道菜的组配,而不是将一些单个菜肴点心随意拼凑在一起。现代宴席菜点涉及宴席售价成本、规格类型、宾客嗜好、风味特色、办宴目的、时令季节等因素。这些因素要求设计者懂得多方面的知识。

(一)办宴者及赴宴者对菜点组配的影响

宴席菜肴组配的核心就是以顾客的需求为中心,尽最大努力满足顾客需求。准确把握客人的特征,了解客人的心理需求,是宴席菜点组配工作的基础,也是首先考虑的因素。要分析宾客饮食习惯,宾客的心理需求影响,分析举办者和参加者的心理,从而满足其显在和潜在的心理需求。同时分析宴会主题,不同的宴会主题对菜点组配的要求也不一致。最后要考虑宴席价格的影响。注意不同档次宴席对菜点的要求。因此,菜点的组配要根据宴席主题和参加者具体情况而综合设计,使整个宴席气氛达到理想境界,使客人得到最佳的物质和精神享受。

(二)宴席菜点的特点和要求对菜点组配的影响

不论宴席售价的高低,其菜点都讲究组配合理、数量充足、应时应季,注重原料、造型、口味、质感的变化。宴席菜点达到这些特点和要求,是满足顾客需求的前提。因而,要分析宴席菜点数量对宴席组配的要求,做到原料选择多样,烹调方法多样,色彩搭配协调,品类衔接合理等。同时,充分考虑时令季节因素的影响,注意食品原料供应情况的变化。

(三)厨房生产因素对菜点组配的影响

组配好的宴席菜点需要通过厨房部门的员工利用厨房设备进行生产加工,厨师的技术水平和厨房的设备条件将会直接影响宴席菜点的组配。因此,宴会菜点组配在顾及厨师技术水平的基础上,还要考虑组配的菜点对厨房生产设施设备的要求,要根据实际设备的技术水平合理设计菜点。

思考与练习

1. 中餐宴席的分类情况与特点是什么?

2. 如何认识中餐宴席的历史积淀对现代中餐宴席发展的作用?

3. 满汉全席的特点是什么? 查阅资料介绍和分析其宴席文化。

4. 在我国现代国宴举办过程中有哪些重要程序? 其菜肴设计和宴席文化有哪些特点?

5. 如何控制中餐宴席的上菜时间与上菜节奏?

6. 中餐宴席的食品结构有何特点? 其构成包含哪些方面的内容?

7. 如何科学地进行中餐宴席的组配?

第七章

中国烹饪文化

烹饪,自其诞生起就标志着人类从此进入文明阶段。用火熟食,是人类改造客观世界的一项成果。烹饪的发展由简至繁,由粗至精,由低级到高级,便是文化发展与积累的过程。在此过程中,它既逐步满足了人类自身饮食需求,又繁衍出其他许多文化。

第一节　中国烹饪文化概述

一、中国烹饪文化的含义

中国烹饪文化是中国传统文化的一个分支,既具有传统文化的共性,也具有烹饪文化的特性。

（一）文化

文化可以分为广义文化和狭义文化。广义上说,文化是一个复合体,是指人类在社会历史实践过程中所创造的物质财富和精神财富的总和;从狭义上说,文化主要是指精神文化,它包括社会意识形态,以及由此形成的制度、体制和组织结构。在人们的日常生活中,文化一词还有更狭义的使用,即用来表示人们掌握和运用文字能力或接受教育的程度,有时也用来特指形象思维领域。此外,文化在考古学上还特指同一个历史时期的不同分布地点的遗迹、遗物的综合体。在日常生活中提及的文化在没有特别说明的条件下,更多的是指向其精神文化层面。

文化是人的创造物,而不是自然物,是一种社会现象,而不是自然现象。凡是体现了人的智慧和实践创造力的事物、现象均属于文化范畴。文化是人类所创造出来的,是为社会所普遍具有和享用的,不是专属个人的。文化体现在普遍的或一般的社会生活方式、社会风俗习惯以及社会物质创造物和精神创造物中,它不包括仅仅属于个人思想行为中的某些特殊的东西,但是包括体现于个人思想行为中的具有普遍性的东西。文化是人类智慧和劳动的创造,这种创造体现在人们社会实践活动的方式中,体现在所创造的物质产品和精神产品中。

(二)中国烹饪文化

中国烹饪有漫长的历史,但对中国烹饪文化的研究却是近年的事。先秦时期,曾有过"夫礼之初,始于饮食"的认识,但没有人对烹饪本身作过全面的总结。进入封建社会后,虽有些学士文人作了些探索,但限于历史条件与烹饪的社会地位,这项研究与总结多停留在技术的介绍和艺术的欣赏上。中华人民共和国建立以后,烹饪事业受到重视。尤其是进入 20 世纪 80 年代以来,改革开放促进了烹饪事业空前的繁荣与发展,有关烹饪的研究工作也发展起来,引起了海内外学者广泛的注意,出现了百家争鸣的局面。对于中国烹饪文化的研究,吸引了许多学者、专家,他们在对有史以来的研究进行系统、全面、深入的总结基础上,提出了烹饪文化论(指中国菜、点所独具的高度发展的饮食文化);烹饪艺术论(指形、色与配器等方面);烹饪技术论(认为烹饪本质仍属于工艺技术);烹饪科学论(烹饪是食品加工制作过程的科学)等观点。

中国烹饪文化广义是指中华民族在烹饪方面改造客观世界的物质和精神成果的总和。它包含烹调技术和运用这一技术所进行的烹调生产活动、烹调生产出的各类食品、运用这些食品所进行的饮食消费活动及其效果。这其中包括全部的科学的、艺术的内容,以及由此而衍生出的众多精神方面的产品。而狭义的中国烹饪文化主要是指在烹饪活动中所产生的精神方面的财富。主要包括饮食习惯、饮食风俗、饮食礼仪、烹饪科学、烹饪艺术等。同时,中国烹饪的本质属性是生产,因而,还可以把烹饪文化划分为烹饪生产文化、烹饪产品文化及饮食消费文化。其中核心文化是烹饪生产文化。实际上,无论怎样划分,中国烹饪文化中的各要素、各层次之间都是相互交叉、相互包容、相互联系、相互作用的,各种要素之间的界限很难划清楚。为了研究方便和深刻理解中国烹饪文化概念的含义,应当把烹饪文化作为一个完整的文化系统,通过对构成系统的各个子系统的研究来把握整个文化系统的内容和特点。

从以上的分析可以看出,中国烹饪文化的内容从广义上看是十分博大的。具体来说,中国烹饪文化包括食源开拓、原料选择、运输储存以及食品加工技术、烹饪器具和食器的创造与改进、美食制作与烹调等;也包括烹饪知识经验的总结与积累,如食医、食疗保健,食经、食谱的记录整理,食俗和食礼的制定和形成,饮食哲学、饮食习惯与宗教的联系等;此外还包括与烹饪相关的文学艺术方面如歌舞、绘画、教育等。

二、中国烹饪文化的特点

中国烹饪文化具有鲜明的民族个性。和世界上其他烹饪文化相比较,它主要表现出以下几方面的特征。

(一)中国烹饪文化历史悠久

中国烹饪文化历史悠久,继承创新,具有很强的时代性。真正意义上的中国烹饪文化在距今一万年左右的时候开始,是世界上历史最悠久的饮食文化之一。如果将直接用火熟食的历史计算在内,中国的熟食文化至少可追溯到五十万年前。中国烹饪文化从产生之后一直延续至今,没有间断,而世界上其他三大文明古国的烹饪文化均已随着其民族主体的消亡而中断了。只有中国烹饪文化能够绵延不断,贯穿于中国悠久的历史发展之中。

不同历史发展时期的社会生产力和科学技术水平状况,决定着不同历史时期的烹饪技术、食物结构等烹饪文化的发展水平。中国烹饪文化有很强的时代特点。

首先,烹饪器具的不断改进,使烹饪文化呈现出不断创新的时代特征。在炊具出现之前,人类大部分的时间只能过着茹毛饮血的饮食生活。陶器的出现是烹饪发展史上的重大事件,标志着人类在烹饪活动中的文明的开始。随着生产技术的进步,出现铜制和铁制的炊具,因而也产生了各种烹调方法。如烧、炒、焖、煨、炸、烩、煎等,加上调料使用日益广泛,烹调工艺也日趋成熟。其次,人类的食物结构也随着社会生产力的发展和进步而发生变化。从人类最早自然采集、狩猎或水边捕捞,到农耕社会,人们的饮食开始了以谷物为主食,以蔬菜和少量肉类为副食的食物结构。早在2000多年前的《黄帝内经·素问》中就已经指出:"五谷为养,五果为助,五畜为益,五菜为充。"随着社会生产力的进一步发展,人们的饮食结构逐渐发生了变化。畜牧业的发展,使可得到的畜禽类不断增加,形成以猪肉为主的副食结构。到了今天,鱼、肉、蛋、奶等动物性食品已经成为人们生活中的必需品。第三,随着社会的发展,烹饪的功能作用也呈现出时代的特点。远古时代,由于生产力低下,食物仅能满足人的生理需要。随着时代的发展进步,烹饪活动在满足人们生理需要以外,开始追求心理、精神层次的满足。因而,烹饪活动在满足人们补充热量、吸收营养、增强体质等需要的基础上,开始讲究烹饪食物的色、香、味、形、器,同时,人们赋予烹饪活动更多情感的价值。

(二)中国烹饪文化民族性、地域性鲜明

中华民族文化本身具有多元的性质,烹饪文化也不例外。中国烹饪文化的多元性首先表现在中国烹饪文化的地域性。不同的地理环境、物产资源和气候条件,有着不同的饮食习俗,反映出烹饪文化的地域特性。中国南方盛产稻米,这些地区的居民喜食大米;长江上游的四川,沃野千里、物产丰富,调味多用辣椒、胡椒、花椒和鲜姜,味重麻、辣、酸、香;长江中下游的江苏由于水产、禽蛋和蔬菜居多,牛羊奶品较少,其食品鲜咸适度、酸香适口、少用麻辣,形成独特的饮食习俗。

中国烹饪文化的多元性还体现在其民族性的方面。不同民族有自己的文化传统、饮食观念和饮食习俗。中国的汉族是以粮食为主食,以菜蔬肉类等为副食的民族;蒙古族与哈萨克族则是以肉、奶类为主要食物的民族。同样是稻米,汉族吃蒸米饭,高山族吃"竹筒饭",壮族有"五色饭",以上这些都是饮食文化具有民族性的最好证明。

第二节 中国烹饪科学文化

一、烹饪科学

烹饪科学有广义和狭义之分。广义的烹饪科学,包含其自然科学部分和社会科学部分。狭义的烹饪科学则仅指其自然科学的工程技术部分。对于烹饪科学的研究,近年来比较活跃,许多学者、专家从中国烹饪的历史、考古、文物、民族、民俗、教育、饮食市场等诸方面展开了研讨,论述较多。哲学方面(包括美学)也有探索和收获。自然科学与工程技术方面则起步较晚。但中国烹饪的科学内涵是客观存在的,例如中国烹饪中的味与养生的有机统一,早在两千年以前已经有了相当深刻的认识。中华民族的饮食观,既是以前烹调与饮食的经验总结的成果,也是指导我们烹调与饮食至今的理论基础。中国的烹饪科学便是围绕它们而展开的。近代,有关植物、动物、微生物及分子学、遗传学、化学等学科的发展以及对人体系统功能研究的深入为烹饪自然科学的发展奠定了基础。

随着社会的进步,科学发展日益精确化、严密化和理论化,人们对科学的认识越来越深。对中国烹饪科学知识体系的探索,需要不断地进行。现代工业化及电子信息技术的发展为烹饪科学的工程技术进步提供了有利条件,也为作为美食的中国菜肴追求色、形、香、味、质俱佳的质量效果提供了更广阔的发展空间。在此基础上,现代营养学的发展对中国烹饪的以味为核心、以养为目的的特点,作出了科学的注解。中国传统的食疗食养理论是一座宝库,现在人们正以现代科学技术为指导和手段,对其进行深入而广泛的整理研究,使其造福于全人类,使中国烹饪文化更加进步。

二、传统中国烹饪的食疗养生原理

中国的饮食医疗养生,是中华烹饪文化中的瑰宝,数千年来,在实践中不断丰富完善,形成了一个完整的理论体系,具有旺盛的生命力。这一体系的理论认为,药和食在根本上有相通之处,这就是所谓的"药食同源"。食物也具有一定的医疗保健效用。大医学家孙思邈在《千金方·食治》中说:"夫为医者,当须洞晓病源。知其所犯,以食治之。食疗不愈,然后命药。"

(一)食疗食养的基本原理

食疗食养的基本理论依据是中国传统的阴阳五行说。其机理是食物进入人体通过脏腑消化、吸收,由一定途径输送到全身,达到治疗保健的目的。

1. 食疗食养的阴阳五行说

传统医学理论认为,人秉天地间阴阳二气和五行物质而生,所以有肉体和精神。体内五行运转有序,阴阳二气平衡,人体健康;否则就要生病。"天有四时五行","人有五脏化五气"。五行为金木水火土,有相生相克的关系。五脏为肾、心、肝、脾、肺,分别属水、火、木、土、金;六腑中的胃为食物总纳之"海",其余五腑为膀胱、小肠、胆、三焦、大肠,分别依次与五脏五行相对应。五味为咸、苦、酸、甘、辛,又与上述五脏对应并为其所"喜"。五气为腐、焦、臊、香、腥,是对应的五味所生之气,并为五脏所"喜"。总体讲,脏和腑相对时脏为阴,腑为阳;味和气相对时,味为阴,气为阳。但就其单独看,五行分阴阳,如有阴水、阳水等;味中辛、甘、淡(水)之气具有发散上扬的性质,属于阳;咸、苦、酸性质重浊属于阴。

2. 食物的四性五味

食物以"五味"的形式表现出来:大豆、栗、猪肉味咸;麦、杏、羊肉味苦;麻、李、狗肉味酸;稻、枣、牛肉味甘;黍、桃、鸡肉味辛。这里的"五味",指食物的"药味",不是说猪肉是咸的、鸡肉是辣的等。五味中,咸有软化的作用;苦有干燥的、泻的、坚化的作用;酸有收敛的作用;甘有缓和的作用;辛有疏散润泽的作用。而且五脏当中,肾主骨髓,直接影响肝(肾水生肝木);心主血脉,直接影响脾(心火生脾土);肝主筋,直接影响心(肝木生心火);脾主肌肉,直接影响肺(脾土生肺金);肺主皮毛,直接影响肾(肺金生肾水)。五脏是转化存藏食物重浊之气的器官,六腑(包括胃)是转化轻清之气的器官,脉络是传送运输的通道。食物所转化的属阴的"营"气由脉来传送,使血脉运行,滋养脏腑;食物所转化的属阳的"卫"气运行于脉外,温养、护卫肌肉、腠理、肌表和主管毛孔开合等。

五味滋养人体的过程是:"五味入口,藏于肠胃。味有所藏,以养五气。气和而生,津液相成,神乃自生。"总的原则是,食物(水谷)通过胃,生成的气和精微物质(精),在人体脏、腑和筋脉、经络传输以及其他组织的协同配合下,通过摄入、转化、运行、吸收等过程,维持人体正常的新陈代谢,使人成为一个有生命的机体。其具体过程是:饭菜中的精微从胃进入肝脏,生成的"气"浸淫于筋络之中。另一部重浊的谷气进入心脏,生成的精微进入血脉,脉气通过经络归到肺脏,肺把所有的脉气会合以后,将其精微输送到皮毛肌肉组织中,皮毛血脉中的精微之气又贯注于六腑之中;六腑中的精微,还是要进入心、肝、脾、肾四脏,其"气"最后归于具有权衡作用的肺脏,外部表现在"气口"的脉象上,根据脉象可判断人的生与死。而水液之类的食物进入胃后,精气向上输送至脾,生成的"脾气"精微上至肺,肺气调通水道,下行至膀胱。水的精微散布于全身,与五脏经脉协同运行,符合四季、阴阳、五行变化的正常规律。

四性指食物的寒热温凉四种食性。在寒、热、温、凉四个大类中,又按程度的不同,再分为大寒、大热、寒、热、温、凉、微温、微寒及平性的食性等级。如谷物及其制品,粳米、黄豆、黑豆性平,荞麦、绿豆、豆腐性寒;蔬菜中苋菜、白菜、莼菜、黄瓜、丝瓜性寒,生姜、大蒜、大葱、韭菜、香菜性温;果品中龙眼、荔枝、大枣、莲子、葡萄、核桃、李子、栗子性温,梨、西瓜、柿子性寒;肉类之鸡、狗、羊、牛、鹿、猫肉、海虾、鲜鱼性温,兔肉、鳖、牡蛎、蛤子偏寒,猪肉性平。寒凉性食物常有清热、泻火、解毒等作用,温热性食物则常具有温阳、救逆、散寒等作用,介乎于寒和热、温和凉之间的平性食物,则具有健脾、开胃、补肾、补益身体等作用。

3. 食疗食养的平衡观

人体生病,就是上述平衡关系被打破的结果。造成生病的原因很多,如喜怒悲忧恐过度、寒暑燥湿风侵入、饮食不节等等。"阴胜阳则阳病,阳胜阴则阴病,阳胜则热,阴胜则寒;重寒则热,重热则寒。""喜怒伤气,寒暑伤形,暴怒伤阴,暴喜伤阳。"所以有"怒伤肝"、"喜伤心"、"思伤脾"、"忧伤肺"、"恐伤肾"之说。治病的各种方法,不外是达到让人体内阴阳平衡的目的。除用药、用针砭调节情绪变化等,饮食的调理也是一个很重要的方法。食疗的大原则是,根据人体内部阴阳、五行不调的具体原因,找出症结所在,对症进食。虚症者补之,实症者泻之;寒症者温之,热症者凉之;病在表者使之散,病在里者使之出。例如,肝常常苦于躁急,应该赶快吃甘味的食物来缓和它;肝病如需要疏散,就多吃辛味食品;用辛来补,酸来泻。心常常苦于缓散,赶快吃酸味的食物收敛它;心病如需要软化,就多食咸味软化它;用咸来补,甘来泻。肺常常苦于气上逆,应尽快吃苦味食物泻其气;肺病如需收敛,食酸味食物收敛它;用酸来补,辛来泻。肾常常苦于干燥,要赶快吃辛味食物润泽它;肾病患于软如需要坚化,就多食苦味坚化它;用苦补,用咸泻。

为了使性味配合得当,菜肴原料的配合并不在乎材料价格的高低。如萝卜,由于产量大、价格低,被视为平贱之物,但萝卜的功能人们从来就很重视。它有去热消火,消痰止咳,宽胸利便,止渴和中,化积散瘀,醒酒解醉,救治晕船,助消化等很多作用。因而有"萝卜进城,药铺关门"等民谚。萝卜与很多原料都可以配合,高至与鱼翅作配,低至与猪肉为伍。黄豆芽配海参制成家常海参,酸菜配鱿鱼制成酸菜鱿鱼,鸡或鸭腹中装糯米、苡仁、核桃仁等"八宝"制成的八宝鸡、八宝鸭之类菜肴,都有性味相配的因素。

(二)饮食有节

饮食有节包括数量的节制,质量的调节,寒温的调节三个方面的内容。长寿之道就在于饮食有节。

1. 饮食数量的节制

通俗地说,就是不要过饥过饱,不要暴食暴饮。《素问·五脏别论》记载:"水谷入口,则胃实而肠虚;食下,则肠实而胃虚。"五脏要"满而不实",六腑要"实而不满"。对于饮食过度的危害,《素问》等篇章曾多次说及,如"饮食自倍,脾胃乃伤";"卒然多食则肠满";"人饮食劳倦则伤脾"。经常饮食过量,不仅消化不良,还会使气血流通失常。明熬英《东谷赘言》指出:"多食之人有五患,一者大便数,二者小便数,三者扰睡眠,四者身重不堪修养,五者多患食不消化。"足见注意饮食数量的节制是很必要的。

2．饮食质量的调节

包含质量的调节就是食物的种类和调配要合理,不能偏嗜。《素问·脏气法时论》就对食物种类的合理选择说过:"五谷为养,五果为助,五畜为益,五菜为充,气味合而食之,以补精益气。"而偏嗜的结果,就会给人带来病害。《素问·五脏生成篇》从饮食五味出发提出:"故心欲苦,肺欲辛,肝欲酸,脾欲甘,肾欲咸。此五味之所合也。"饮食五味之入五脏,各有其走向,哪一味偏盛了都会有损于五脏。若偏嗜而使某一脏腑之气过盛,失去平衡,则生疾病。

3．饮食寒温的调节

这种调节,既有对食物寒、热、温、凉四种食性的要求,又有四性与四时天气适应性的要求,还有对食物温度的要求。《素问·阴阳应象大论》说的"水谷之寒热,感则害于六腑",就是指不同的食性如掌握不好,会损害人的六腑。《素问·四气调神大论》说的"春夏养阳,秋冬养阴,以从其根",也包含了人的饮食要适应四季的变化这层意思。

(三)食品宜忌

传统的食养食疗理论中还论述了一些不宜选择的食物及食物之间搭配上的禁忌,如狗肉忌与鳖同烹、白术忌大蒜、人参忌萝卜、蜜忌菊等。这些都属于饮食之忌。通过现在实践看,古人所讲的不一定全有道理,但其基本原则还是可以借鉴的。懂得这一道理,才能精通养生之理。所以张仲景在其《金匮要略》中说:"所食之味,有与病相宜,在与身为害,若得宜则宜体,害则成疾。"元代贾铭在《饮食须知》中也说:"饮贪藉以养生,而不知物性有相宜相忌,丛然杂进,轻则五内不和,重则立兴祸患,是养生者亦未尝不害伤也。"现在,中医还讲"忌口",如有人在某一段时间不宜食生冷、油腻、荤腥等,而有些食物如猪头、鸡头、香椿、海鲜等被视为"发物",可能使某些人旧病复发。

(四)食疗养生方剂

食疗养生方剂实际上就是现在所说的"药膳",这是祖国医学的伟大贡献之一。历代有关食疗养生方面的主要论著很多,概括地讲,经先秦创建食疗养生理论后,至隋唐达到完全成熟的时期。食疗养生专著出现,如孙思邈的《千金要方·食治》记载了154种"食药",介绍了它们的功能、应用范围,同时也介绍了很多食疗方剂。唐代至明清,这一方面的专著大量涌现,如元朝忽思慧的《饮膳正要》介绍了药膳158种,其中菜肴类94种,汤类35种,抗老方29个。明代李时珍在《本草纲目》中收集了历代饮食保健方552种,书中的"粥"疗膳方就多达62种。李时珍还配制了既可用于食疗又可用于食养的膳方34种。这些宝贵遗产很值得挖掘整理,以丰富中国烹饪文化的内容。

三、现代中国烹饪的营养学原理

辨证施食与饮食有节的观点,是中国烹饪科学的重要内容,是食治养生这一传统营养观念的主体。虽然它是从整体、宏观、直观及动态中进行"穷理",具有宏观、整体把握事物本质的长处,但也比较笼统、模糊,明显地带有经验型的烙印。而从20世纪初进入中国的西方营养学,则有其新的优势,它微观、具体、深入,通过现代自然科学已有的各种检测手段,能够严格地进行定量分析。传统的食治养生学说与现代营养学相结合,从宏观到微观深入分析,促进了中国烹饪科学产的进一步发展。

人体是由蛋白质、碳水化合物、脂肪、维生素、矿物质、水和微量的生物活性物质组成的有生命和思维活动的有机体。构成人体的这些物质都是由食物中的营养素所提供的。食品在烹调过程中会发生一系列的物理、化学变化。

(一)中式烹调营养学评价

在一般的烹调方法下,食物中维生素最易损失,各种无机盐次之,蛋白质、脂肪、碳水化合物在通常情况下量与质的改变不甚显著。用现代营养学观点来评价中国式烹调的优缺点是一项复杂的工作,这里我们仅从若干方面进行初步的研究。

1. 烹调搭配

丰富的搭配是中国式烹调的一个显著的特点。以主食而言,我国民间就一直将几种粮食搭配在一起做饭的习惯,如二米饭(大米、小米)、二面馒头(面粉、玉米粉)、豆饭等。由于不同粮食中蛋白质的氨基酸组成不同,混合起来一起吃下去,通过蛋白质互补作用就能提高这些粮食中蛋白质的生物学价值。我国人民这种符合现代营养学要求的做饭习惯早在现代营养学得到发展之前就已形成。

至于我国菜肴的搭配更丰富,例如素什锦、肉片炒青椒等。肉类中所含谷胱甘肽的硫氢基,可保护蔬菜中的维生素 C 不受破坏。

2. 主食品的加工制作方法

中国主食品的烹调方法,通常有蒸(米饭、馒头等)、煮(米饭、面条等)、烙(大饼等)、煎(煎饼等)、炸(油条等)等方法。在这些加工中,粮食内蛋白质、脂肪、糖、维生素 B_1、维生素 B_2 的保存率从由高至低排列,大致顺序如下:蒸和煮、烙、烤、油煎、油炸。就是说蒸和煮最好。

3. 肉、禽、鱼类的烹调

肉、禽、鱼类的热加工,粗略地分有蒸、煮、炖、炸、烤、炒等。如果细分起来,仅炸就有清炸、软炸、酥炸等不同方法。从营养学角度来评价,肉类烹调以炒为最好,蒸是中式烹调的优点之一。煮次之,烤和炸再次之。

4. 素食烹调

西方国家吃蔬菜往往是两个极端,一是完全不加热,生吃,如色拉菜;二是煮得很烂,如菜泥,很少像中国这样把菜炒着吃。蔬菜生吃的优点是菜中的维生素 C

免于破坏,缺点是容易因没有洗净而感染寄生虫病或传染病。生菜中的某些营养素吸收率较低,而炖菜或煮菜时,汤水多而加热时间长,维生素 C 大量溶入汤汁,并受热而损失。蔬菜中所含氧化酶,亦可在逐步升温的过程中充分发挥破坏维生素 C 的作用(若将蔬菜放入沸水,以大火加热,则氧化酶迅速失活,可使其破坏作用限制在最低程度)。

炒菜是中国蔬菜烹调的一大特点。其优点是:经过高温加热,菜上的细菌和寄生虫卵被杀死,某些营养素的吸收率得到显著提高。炒菜的加热时间短,不但维生素 C 破坏较少,而且保持了新鲜蔬菜的风味。

5. 调料的使用

烹调最重要的调料是食盐,按我国目前烹调习惯中的用盐量,每人每日摄入食盐 15 克左右(包括酱油及其他含盐食品中的食盐量),大大超过了人体的需要(约 3 ~ 5 克)。长期摄入食盐过多,易引起高血压病。当然,每个人对盐的耐受量不同,对钠的排泄能力也不同,因此有很大的个体差异,但高盐膳食增加肾脏功能的负担,则是必然的,老人的膳食更宜清淡。中国烹调有使用植物油的习惯,这对于人体获得脂肪酸和脂溶性维生素都是十分必要的,并且可以避免摄入动物脂肪过多的弊端。醋也是常用调料,烹调中加醋可以减少维生素的破坏。少许无机盐易溶于酸性溶液中,加醋可使猪骨、鱼骨中的无机盐如钙等溶出增加。此外,醋能增进食欲。美味的中国菜还得助于香辛料的帮助,香辛料可以增进食欲,增加消化液的分泌和肠胃蠕动,从而促进营养物质的消化和吸收。

(二)中国膳食结构的营养学

在人类发展史上,我国人民不仅在文化科学方面作出过很多卓越的贡献,而且在饮食和食品营养方面,也有很多符合现代营养学观点的重要理论发现。我国的烹调技术更是驰名于世界。我国的传统膳食色、香、味俱佳的优点早已在世界上享有盛名。近年来,国内外一些营养学家还发现,中国的膳食在避免西方膳食模式所带来的所谓"文明病"方面很有效果。与西方相比,中国传统膳食的特点体现在以下几个方面。

1. 以植物性食物为主

一般而言,我国传统膳食以植物性食物为主,动物性食物为辅,荤素结合,各种营养素的比例对成年人较为恰当。据分析,在我国人民的膳食中,谷类食物约占膳食总能量的 60% ~ 75%,蔬菜和薯类约占 15% ~ 30%,鱼、肉、蛋及豆类约占 10% ~ 15%。

2. 粗纤维含量丰富

我国南方一年四季都有新鲜蔬菜供应,而北方则以薯类和根茎类蔬菜为多。这种膳食的粗纤维含量十分丰富。相反,在以摄食动物性食物和精制食品为主的西方国家里,膳食中粗纤维的含量就很低,平均每人每日仅 4 克,从许多流行病学调查资料看,某些癌症的发生与这种高脂肪、低纤维的饮食习惯关系很大。

3. 我国膳食结构的缺陷

我国的传统膳食也有缺点,即谷类食物的摄入量过多,动物性食物和豆类食物的摄取量太少,并且缺少奶类食品。根据我国的第三次全国营养调查,我国人民的营养状况虽然比 1982 年第二次全国营养调查有显著改善,平均能量摄入量已接近供给量标准,蛋白质摄入量已接近供给量标准,三大产热营养素在膳食中所占能量分配的比例接近合理,比较客观地反映出我国人民已基本上解决了温饱问题,但还不能说我国的膳食结构已达到平衡,目前我国的膳食结构与较为理想的平衡膳食还有距离。

营养素调查表明,部分城市居民中脂肪占能量比例已超过 25%,可能会给城市居民的健康带来不利影响。在非产热营养素方面,某些无机盐、微量元素和维生素摄入不足,也是突出的问题,各类人群的钙摄入量普遍不能达到供给量标准,儿童和中学生等尤甚。各类人群中铁的摄入量按计算结果虽然充裕,但由于植物性食品为主的膳食结构使铁的吸收利用率很低,造成机体缺铁,儿童中尤为突出。维生素 A 和维生素 B_2 的摄入量普遍不足,维生素 B_1 和维生素 C 按摄入量的计算是充裕的,但可能因加工烹调的损失太大,实际摄入量也不足,从身体检查和生化检验结果来看,具有维生素 B_1 和维生素 C 缺乏症状的人数还占相当大的比例。

4. 我国膳食结构发展方向

随着膳食结构的变化,能量来源分配也发生了明显变化,特点是:来源于碳水化合物的能量逐年下降,来源于脂肪的能量逐年上升。中国居民的膳食营养状况可概括为营养不足与营养过剩同在,营养缺乏病与非传染性慢性病并存,这在膳食结构变迁过程中已形成一种规律,而这种规律的趋势是营养缺乏病日将减少,非传染性慢性病将日益增多。

我国今后改善膳食营养质量的重点,首先应提高优质蛋白的摄入比例,其次是增加维生素 A、维生素 B_2、钙等的供给量,以及改进烹调、加工方法和膳食搭配,促进维生素 B_1、维生素 C 和铁等的吸收和利用。在各类人群中要特别关注儿童和青少年的营养问题。从根本上改善我国的膳食结构。

第三节　中国烹饪艺术

烹饪艺术是一门综合的艺术,烹调过程就是烹饪艺术的创作过程。它满足人们的审美需求,既有视感的、嗅感的,又有味感的、触感的及心理的美的品尝与享受。

烹饪艺术也是烹饪文化的一部分。科学与艺术都是人类文明活动最崇高的部分,都追求深刻性和普遍性。中国烹饪艺术随着历史的发展而前进,已经形成独特的完整的工艺体系。中国烹饪艺术是以烹饪技术加工成的食品为审美对象,满足人们饮食基本功能与审美相结合的艺术。

一、中国烹饪艺术的研究对象

中国烹饪艺术是烹饪文化的组成部分,由此看来,未经烹饪加工的自然形态的食物,即使美味可口,也不能归入烹饪艺术品的范围。

(一)烹饪艺术品——美食

因为中国烹饪艺术的美,主要应体现在人的有目的的创造活动中,就像美的服装、美的建筑一样,只有灌注了人的审美意识和创造意识,并成为人的生命力的表现和象征的那一部分对象,才能成为审美的对象。也就是说,只有当烹饪成为一项名副其实的艺术活动时,它创造的食物,才能算作艺术品。简言之,烹饪艺术品是指那些按照一定规律创造出来的,渗透了创造者审美意识的,并能使接受者产生味觉美感的美食。

随着物质生产的发展和社会生活的进步,烹饪产品越来越具有审美性质。如花色冷拼、大型雕刻食品、各种花色造型菜点、各种雕花蜜饯等。中国烹饪菜点,其表现形态,属于空间艺术;物质材料和形体结构,属于造型艺术;其展示方式,属于静态艺术;就审美主体的感受和反映途径来说,它属于视觉、味觉、嗅觉、触觉同时感受的综合艺术。

(二)食与艺术的关系

烹饪艺术品应该是艺术与美食的统一。缺少艺术的品质,就只能算一般的食物;缺少食用的价值,当然也谈不上烹饪艺术品。艺术与美食的关系,也就是味觉审美与实用功利的关系。而人类的审美意识更多的是来自功利性的目的,在烹饪创造活动中,这种实用功利目的表现得更为明显。

人们之所以觉得美食是吸引人的,令人愉快的,正是因为它同生命的需要不可分割地连在一起。在人类的饮食活动中,实用中有审美,审美中有实用,两者互为条件、互为因果。正因为这样,在烹饪艺术活动中,不能孤立地考虑美的要素,而必须同时考虑功利目的。对人体无益和有害的食物,即使看起来美,或者吃起来美,也是不可取的。比如,河豚味道异常鲜美,但它的卵子、血、眼睛等部位是有剧毒的,在这种情况下,必须把烹调加工的重点放在去毒解毒上。除尽有毒部位,延长烹调加热时间,就成为烹制河豚以使我们充分品尝美味的关键。这当然是一个极端的例子。有些食物尽管对人体无害,但在通过烹饪创造美食的过程中,仍然要兼顾到它的实用性。

二、中国烹饪艺术的内容

(一)美食与美器

烹制美味佳肴离不开炊具、餐具、盛器,清代诗人袁枚对美食与美器作了精彩的总结。第一,美食不如美器,餐具应当讲究。第二,雅丽实用便可,不必要求过高。第三,盛器因菜制宜,无须强求一致。第四,盛器力求多样,使之参错成趣。当然,袁枚的总结更多地适用于家宴和便宴,因而并非全面。但餐具同样蕴涵着劳动人民智慧和创造力,体现的是中国烹饪文化艺术的博大精深。

流行于世的济南名菜"坛子肉",就是用精制瓷坛炖成的,在清代已经盛行,比起"坛启荤香飘四邻,佛闻弃禅跳墙来"的"佛跳墙"毫不逊色;沙锅制菜也是中国烹饪的一绝,传说乾隆下江南时吃的"鱼头豆腐"就是今天的"鱼头煲"。另外煲仔饭、什锦煲、糟钵头等都是用沙锅烹制,原煲上席的。集美名、美器、美食于一体的火锅也是最受人推崇的。如天津的"紫蟹菊花鱼锅"、广东的"原煲狗肉"、四川的"鸳鸯火锅"、北京的"涮羊肉火锅"可以说是风味别致,既科学又营养,经久不衰。目前,这些似乎已有些寻常,那么山西的"刀削面"用刀削面,广西的"竹筒饭"用竹筒做饭似乎更有些趣味。还有河南有种名为"勺子馍"的风味小吃,就是用一种特制勺子做成的。还有用烧热的铁板做成的"铁板牛柳"香与味并举、味与器同享、器与名齐美。另外,用木棒打出的"棒棒鸡"、用担子挑着卖的"担担面"、用铁锅烘制的"铁锅蛋",名目之多,不胜枚举。胶东名肴"扒原壳鲍鱼"确是原质、原味、原壳;"什锦西瓜盅",听其名知其味,集美名与艺术盛器于一体;"小笼牛肉"以笼作器,因笼成名。

(二)美食与美名

菜肴名称,美食美名,是中国饮食文化的一个重要部分。菜肴的定名,充满了文化的气息,也充满趣味。美食配以美名,这是中国烹饪所特有的。菜肴的命名,粗看有很大的随意性,其实并不尽然,它反映出命名者自身的文化艺术修养、社会知识和历史知识。一个好的菜名能增加美食佳肴的雅趣,诱发品尝者的食欲。

"佛跳墙",原来有一个名字叫"坛烧四宝",在一次文人骚客的雅集中,当这道名菜摆上桌面,文人们惊异其美味,有人即赋诗,诗大意是,如此美食,惊动四周,即使是戒荤修炼成佛的和尚,闻其香也会翻墙而食。因这首诗,"坛烧四宝"就多了一个影响更广泛,更引人入胜的名字——"佛跳墙"。"仙鹤神针"也是道名菜,如果以其材料的组合叫出来,就是鱼翅酿乳鸽,但如此直白太辜负了它的高贵和美味,把它名为"仙鹤神针",则别有意境。

很多菜肴、食品的美名是由文人雅士们给起的,但市井大众也有贡献,比如广东人把鸡称凤、把猫称虎、把蛇称龙,是借鸟兽和神灵之形而提升。

(三)美食与美境

心境是主观的精神状态,环境则是客观的精神状态。人总是置身于一定的环境之中,任何客观的环境都会表达出一种超出环境的语言和情调,并影响人的心理。人的不同心理会给环境蒙上一层主观色彩,而环境的客观规定性,又会给人以情绪上的干扰和影响。正因为如此,良辰吉日,触景生情,可增进饮食情趣;敞厅雅座,亭榭草堂,花前月下,山前水边,可得自然清静之趣;或遇知己,或逢至亲,畅饮小酌都可成趣。吟诗歌赋,海阔天空,皆可尽兴。这都是美食之境。同时,进餐环境的好坏,直接作用于人的情绪,也就间接作用于对菜肴的品味效果。如果在一个拥挤不堪、人声嘈杂的环境里就餐,人们自然很难获得品味的愉悦。相反,高雅宜人的环境可以改善人的心理,美化气氛,激发和提高人的味觉感受能力。宜人的就餐环境并无固定的模式,也并不仅仅指物质设施的豪华,关键在于和谐协调、恰到好处。

三、中国烹饪艺术的风格与流派

任何艺术在达到一定的水平后,都会形成自己的风格。烹饪艺术亦是如此。风格的形成是成熟的标志,流派则是相近风格的融合。中国烹饪艺术在长期的发展过程中,逐步形成了各种不同的风格和流派。这些不同的风格和流派,成为民俗文化、地域文化的组成部分。正是多样的风格、不同的流派,最后汇合成中华民族源远流长的饮食文化,使中国烹饪艺术呈现出斑斓夺目的色彩。

烹饪艺术的风格,一般有两层意思。一是指具体的菜肴所表达的某种风味和格调,不同风格的菜肴表现出不同的特点,给品味者以不同的感受。二是指厨师个人对烹饪的把握,包括技能、经验、趣味、胆识、修养、悟性等个人素质的自然流露。烹饪的流派则是一个群体和地区的概念,它体现为一个地区的烹饪特色和烹饪风格,是一个地区的地理环境、物产、民俗、经济、历史、文化等因素的综合反映。烹饪艺术的风格是多元并存的,它们相互不悖,不分高下。流派也同样如此,很难对京、川、粤、苏等烹饪流派在水平和品格上区分其高下。它们各有千秋,各呈异彩,相互依存,相互映衬,这是各种流派长盛不衰的重要原因。

(一)烹饪风格

烹饪风格就是在烹饪的过程中有自己的东西,包括自己的理解、处理、情趣和偏爱。有时候,炉火纯青的厨师甚至有意无意地与烹饪操作中的常规有所偏离,这种反常规的做法一旦固定下来,即形成个人风格。偏离正常的烹饪规则,或者在传统的烹饪规范中少许加进个人的独创、独特的做法,反而会出现意想不到的效果和韵味,这就是风格。当然,这种偏差,并不是随意的、无章可循的,而是有条件的。一是需要在基本技艺得心应手的基础上才能有所"出格";二是这种偏差应以接受者能够接受和欢迎为限度。这样的偏差是厨师一种非常自然的流露,而不是故意的做作。区别全在于功力和素养。

风格又是一种自由。这是一种得心应手、挥洒自如的自由,充满创造意识的自由,张扬着个性和才情的自由,以及冲破固有的烹饪模式后获得的自由。对风格的追求充满审美的愉快、创造的愉快,在形成风格的厨师那里,烹饪是一种乐趣和享受,是一种自我实现。

(二)烹饪流派

烹饪流派的形成,与风格的形成不完全相同。地区性的烹饪流派,既是烹饪个体风格的汇总,又是群体习惯的综合。北方的质朴、强烈,南方的清丽、婉约,四川的重辣喜麻,广东的淡而带生……无不与自然环境和地域文化有关。在流派的背后,隐藏着一个地区的全部风俗史、文化史、文明史。就拿中国烹饪的四大菜系,即四大流派来看,鲁菜是宫廷贵族文化与北方少数民族文化的结合;川菜是以质朴的民间文化为主体的产物;粤菜则表现出较多的商业文化和外来文化的影响;苏菜融汇了南方和北方各自的特点和长处,显示出一种闲适、中庸的饮食风格。

烹饪流派的产生,使中国烹饪呈现出多样和丰富的格局,也给人们的味觉审美提供了更多的机会和更加宽广的空间。烹饪的风格和流派也不是永久不变的。厨师的个人风格随着厨师的成熟程度而日臻完美。地区的烹饪特点,也会随着相互之间的影响、交流和渗透,处于发展变异之中。但这种变化最终并不会使流派消亡,而是更加适合现代人的饮食需求。可以这样认为,只要地区之间文化特征的差异存在,烹饪流派也将存在。因而,成熟的烹饪必须找到自己,找到属于自己的风格和流派。

思考与练习

1. 什么是中国烹饪文化? 中国烹饪文化的特点是什么?

2. 什么是中国烹饪科学文化?

3. 如何用现代营养学理论评价中式烹饪的优点与不足?

4. 什么是中国烹饪艺术文化? 中国烹饪艺术的研究对象有什么特点?

参考文献

[1]中国烹饪百科全书编委会,中国大百科全书编辑部编．中国烹饪百科全书.北京:中国大百科全书出版社,1995

[2]熊四智,唐文．中国烹饪概论．北京:中国商业出版社,1998

[3]黑龙江商学院旅游烹饪系编．中式烹调师培训教材．黑龙江科学技术出版社,1995

[4]马波．现代旅游文化学．山东:青岛大学出版社,1998

[5]凌强．现代饭店食品营养与卫生控制．辽宁:东北财经大学出版社,2001

[6]姜春和．中餐烹饪基础．北京:中国商业出版社,2004

[7]于国俊,刘广伟等主编．吃的学问．北京:中国商业出版社,1994

[8]李曦．中国烹饪概论．北京:旅游教育出版社,2000

[9]国内贸易部饮食服务业管理司编写．烹调工艺．北京:中国商业出版社,1994

[10]季鸿崑主编．烹调工艺学．北京:高等教育出版社,2003

后　记

　　本书是针对旅游、酒店、烹饪专业本科层次学生编写的教材,也可作为同类专业高职、高专的教学参考书。作为教材,本书立足于专业培养计划与教学大纲的要求,力求准确、科学、系统。既注重理论的介绍,做到理论上有一定的深度与前瞻,又强调理论与实践的结合,突出烹饪学的生产实践与技术属性。同时,对于所有从事烹饪生产的专业人士,以及从事酒店经营管理、餐饮经营管理的专业人士,本书也是一本非常有益的读物。

　　本书写作过程中,借鉴了熊四智、陶文台、聂凤乔、王子辉、陈光新、李曦等诸多前辈的科研成果,在这里对他们以及所有为本书提供参考文献的作者表示感谢!

　　本书由李晓英与凌强共同编写。其中第一章、第三章、第五章、第七章由李晓英编写,第二章、第四章、第六章由凌强编写。由于作者学术水平有限,本书中定有不足或错误之处,恳请专业人士和广大读者批评指正!

编者

2007 年 1 月